U0186496

知乎

有问题 就会有答案

昆虫词典

Insectpedia

A Brief Compendium of Insect Lore

［美］埃里克·R.伊顿 著

［美］埃米·琼·波特 绘

张孝铎 译

蔡晨阳 审校

贵州科技出版社

·贵阳·

著作权合同登记　图字：22-2023-023号

图书在版编目（CIP）数据

昆虫词典 /（美）埃里克·R.伊顿著；（美）埃米·琼·波特绘；张孝铎译. -- 贵阳：贵州科技出版社，2023.12

ISBN 978-7-5532-1234-0

Ⅰ.①昆… Ⅱ.①埃… ②埃… ③张… Ⅲ.①昆虫—词典 Ⅳ.①Q96-61

中国国家版本馆CIP数据核字（2023）第127144号

昆虫词典

KUNCHONG　CIDIAN

出版发行	贵州科技出版社	
地　　址	贵阳市观山湖区会展东路SOHO区A座（邮政编码：550081）	
出 版 人	王立红	
经　　销	全国各地新华书店	
印　　刷	河北中科印刷科技发展有限公司	
版　　次	2023年12月第1版	
印　　次	2023年12月第1次印刷	
字　　数	172千字	
印　　张	10.25	
开　　本	880mm×1230mm　1/32	
书　　号	ISBN 978-7-5532-1234-0	
定　　价	72.00元	

前　言
Preface

　　本书内容是有"偏见"的，不过"偏见"是正面的。
不可胜数的图书、杂志文章、广告、视频乃至社交媒体
"表情包"都在让我们恐惧昆虫，要求我们将昆虫彻底消
灭。这本《昆虫词典》旨在消除这种恐惧感，激发人们对
昆虫及其研究者的兴趣。通过本书的介绍，读者可以了解
到，哪怕是我们最厌恶的物种，比如舌蝇，也有其可取之
处。随着内容的展开，我会在一个个趣味盎然的故事和昆
虫学家的生平记述中，穿插介绍昆虫学的一些重要原理。

　　昆虫是进化和本能战胜智能的证明。它们庞大的数量
令我们疲于应付；我们一直竭力想要降低它们对我们的健
康、农业和财富的影响，却永远落后一步；它们善于利用
我们的每一个弱点，效率之高简直令人光火。然而，我们

与昆虫的关系从来都不是敌对的，但记住这一点并不符合工商业的利益。我们是否为了利益将某些物种变成了"反派"？这并不是一种阴谋论，更多是一种精明的商业计划和营销策略。

尤其糟糕的是，我们将昆虫视为争夺资源的对手，用"害虫"来形容一切看似侵犯了我们财产权、人身权等利益的物种。可是，自然中本就没有所有权的概念。更值得注意的是，自然生态系统极少像我们创造的人工生态系统那样混乱无序。昆虫能传播引发致死性疾病的微生物，从而导致人类的痛苦和死亡，这是毫无疑问的。但是，我们是否就有必要将这些传播疾病的昆虫消灭殆尽呢？我们在灭蚊运动中投入了数十亿美元，却徒劳无功。在美国，市政部门执行除虫喷洒项目的动力是法律责任：他们害怕的是没有采取预防措施而导致公民染上疾病，这可是会给市政府招来官司的。

我们还将"杀人大黄蜂"、斑点灯笼蝇，以及其他各种因我们的无心之举或故意行为而从国外引入并繁殖的昆虫称为"害虫"。但这似乎是我们为畅通无阻的全球化付出的合理代价：我们对异域景观植物和廉价产品永无止境的渴望使它们被打包在货柜里漂洋过海而来，而包装和货柜本身就很容易被昆虫"侵入"渗透。

气候变化也影响着昆虫。讽刺的是，可怕的"昆虫末日"警告终于使人们认识到，昆虫提供了不可或缺的生态系统服务，没有这些服务，我们和其他所有生物都无法生存。

不过，也有好的一面：我们正拥有空前的机遇来扭转局面。互联网让公众更容易接触到昆虫学家，也为科学家和非科学家们提供了机会来促进我们对昆虫的集体认识。数码相机和手机方便了我们拍摄照片、录视频和录语音，我们可以将自己的观察所得上传到社交媒体，让公众赞叹称奇，同时也便于昆虫学家在研究中使用。参与公众科学项目将进一步造福各类物种及其栖息地。我们可以成为园艺大师或博物学家，为恢复本土生物群落助力；即使成为不了"大师"或"学家"，我们至少可以改造自家的庭院和花园，将它们建设得对野生动物更加友好。美国的"国家飞蛾周"和"7月4日数蝴蝶"活动也让"昆虫观察"成了一项社交乐事，昆虫动物园及其蝴蝶馆会将奇特的昆虫带到你身边的大城小镇。

哪怕你对昆虫世界的兴趣转瞬即逝，它都不可能令你感到无聊。无论是对你个人还是对地球村来说，昆虫每天都会展现出令人着迷的全新姿态。在 A ~ Z 的词条中，我更愿将昆虫与"amazing"（神奇的）、"marvelous"（令人惊叹的）和"zoophilia"（喜爱动物）这些词联系在一起。当你读完这本书，亲爱的读者，我希望你也会产生类似的联想——如果没有，本书之外还有许许多多的精彩事物等待你去探索。你准备好了吗？

目　录

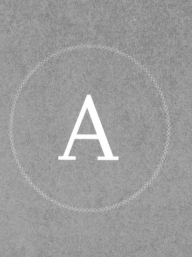

螨 室

　　一些独居蜜蜂和陶工黄蜂（学名 *Ancistrocerus antilope*）的身体构造会发生适应性改变，形成专门容纳螨的螨室。可以将螨室看作一个"简易车库"，螨虫在此处停靠于昆虫的身体上。德国昆虫学家沃尔特·卡尔·约翰·勒普克（Walter Karl Johann Roepke）在 1920 年提出了"螨室"这个术语。

　　虽然很多螨虫属于寄生动物，但昆虫螨室中的螨虫大多是食腐或食真菌动物。胡蜂和蜜蜂携带螨虫，相当于将

陶工黄蜂（蜾蠃）和它身上的螨虫

清洁工请进了自家巢穴。这些巢穴通常分布在相互平行的巢脾上，巢脾则由一个个单独的巢室组成。到达蜂巢后，螨虫就会"下车"，开始进食。螨虫采食对蜂类的卵、幼虫或蛹构成威胁的物质，以及为蜂类后代贮存的花粉或猎物。比如，全盾螺蠃（学名 *Allodynerus delphinalis*）的寄生螨温特螨（学名 *Ensliniella parasitica*）可给未成熟的幼蜂当保镖。在体形微小的寄生蜂拟孔蜂巨柄啮小蜂（学名 *Melittobia acasta*）将胡蜂幼虫或蛹杀死之前，胡蜂的寄生螨便会将这些"杀手"赶走或直接除掉。

螨室的形式多种多样。有些大木蜂（木蜂属）腹部前面有一个凹入部分，螨虫就群居在此。一些停靠在陶工黄蜂身上的螨虫则拥有更"豪华"的居室，几乎每只螨虫都有自己的"车库"，位置就在第二节背板（腹节的背部或上部）前面，并由第一节背板的后缘覆盖。

Aerial Plankton
大气浮游生物

下次从机舱窗口向外眺望时，要记得你并不孤单。机舱外的空气中，充满了昆虫和其他节肢动物，其种类之丰富、数量之巨大令人惊奇。20 世纪 20 年代末，人们开始对大气中的昆虫生命进行严肃的研究。虽然当时已经有飞机了，但是伦敦昆虫学家约翰·L. 弗里曼（John L. Freeman）还是坚持使用黏有罗网的风筝在英国和美国收集昆虫标本。格利克（P. A. Glick）发明了一种连接在飞机上的装置，并于 1926 年至 1931 年在美国路易斯安那州和墨西哥对 6 ～ 4500 米高度的大气进行了系统性的调研。借助"圣路易斯精神号"飞机上的黏性玻璃片，查尔斯·林德伯格（Charles Lindbergh）也为这项研究补充了新的数据。1933 年，他驾驶飞机飞越大西洋，飞行高度基本维持在 750 ～ 1650 米之间。1961 年，格雷西特（J. L. Gressitt）在"超级星座"客机上安放了捕捉装置，专门进行空气采样，总飞行距离约 186 970 千米，并在约 5800 米高的位置收集到一只有翅白蚁。

从那时起，直到 2008 年"航空生态学"领域正式建立，人们都很少关注高空的昆虫。至今为止，我们已经在 4500 米的高空捕获了蝗虫；在海拔超过 5000 米的高度，蚜虫和其他半翅目昆虫的数量之多也让人震惊。小型蝇类，比如瑞典麦秆蝇（黄潜蝇科）、果蝇（果蝇科）和黑翅蕈蚋

（黑翅蕈蚋科），已在 6000 米以上的高空被发现并记录下来，蓟马（缨翅目）、啮虫（啮虫目）、小拟寄生蜂（膜翅目）和小甲虫（鞘翅目）也活跃在这一大气环境中。雷达技术的发展，特别是激光多普勒雷达的发展，极大地拓宽了我们对大气中节肢动物的认识，帮助我们了解了它们在大气中的数量，以及它们如何根据天气情况移动。

"Albino" Insects
"白化"昆虫

不熟悉昆虫变态的人常会将见到的白色昆虫统统当作"白化"昆虫。很多昆虫在刚刚蜕皮后呈纯白色，这是因为其新生的外骨骼十分柔软，色素尚未显现出来。其他种类的昆虫，特别是半翅目昆虫，刚刚蜕皮时也可能呈粉色或橙色。

一些终生都生活在洞穴深处或土壤中的节肢动物身上也会缺乏色素，但这种情况与白化病是不同的。真正的白化病是一种遗传病，导致该种动物正常应具有色素的部位完全缺乏色素。

当然，真正的白化昆虫也是存在的，但它们要么极其罕见，要么是实验室繁殖产物，再不然就是实验室繁殖出的稀有品种。在迁徙的亚洲飞蝗（学名 *Locusta migratoria*）和果蝇（果蝇属）中都存在白化昆虫（在果蝇身上，这是一种与白化病相似的黄色突变）。更为复杂的情况是，有些雌性菲粉蝶（sulphur butterfly，粉蝶科）可能是白色的，而不是正常的黄色。

半翅目粉虱科（Aleyrodidae）的粉虱等昆虫身上覆盖着白色蜡粉或细丝。这类物质可以保护昆虫，使其不易被捕食者吃掉，还有助于防止水分流失，并且能反射阳光的热量，有时甚至具备上述所有功能。因此，一只白色的昆虫并不等同于"白化"的昆虫。

另见词条： 蜕皮（Exuviae）；变态（Metamorphosis）。

Amber

琥　珀

植物的树脂化石为我们了解史前昆虫世界提供了窗

口。琥珀标本中常常包有多种生物，其原因是它们在树木还活着时，就被困在树上流出的树脂里了。无论其中是否包含昆虫，我们都珍爱琥珀，欣赏它玲珑剔透的外观。但昆虫学家则不然，他们一直在修改昆虫的分类，部分原因就在于他们从这种历久弥新的半透明物质中不断发现新的昆虫标本。其他类型的昆虫化石充其量是二维的，而只要琥珀中的气泡或碎片没有遮盖住昆虫关键的解剖细节，它们通常就都能呈现出完整或接近完整的三维昆虫视图。

这种类型的化石被称为"内含物"，因为它将整个昆虫而不是其印痕保存了下来。含有琥珀的沉积物在全球的分布并不均匀，产量最丰富的集中分布地是欧洲波罗的海地区、缅甸和多米尼加；除此之外，英国、奥地利、黎巴嫩、约旦和日本也偶有分布。在大多数情况下，琥珀是松柏类植物（特别是松树）的树脂形成的；多米尼加琥珀则产生自阔叶的豆科树木。琥珀的存在可以从我们目前所处的地质时代全新世追溯到 2.99 亿 ~ 3.59 亿年前的石炭纪。令人惊叹的是，我们很容易就能识别出多种古代昆虫，因为我们对其生活在现代的后代非常熟悉，两者长得几乎一模一样。

对了，还有一件事：琥珀并不总是黄褐色（或者说琥珀色）的，还有其他很多种颜色，比如金色、黄油色，偶尔也有绿色和蓝色的。如果民间昆虫学家正在寻找一种方式来对抗冬天沉郁的心情，那么不妨到本地的珠宝店、珠宝展或者网店里寻觅昆虫的残骸（琥珀）。谁知道呢，说不定能捡到宝。

另见词条：弗洛里森特化石层（Florissant Fossil Beds）。

Anting

蚁　浴

动物世界中最奇特的行为之一莫过于鸟类的蚁浴。关于鸟类寻找蚁穴的目的，至今没有定论，只有各种推测。"蚁浴"并非仅有蚂蚁参与这一事实，则让这个谜团更加扑朔迷离。

200多种鸟类展现过蚁浴行为；据现有记载，有24种蚂蚁被鸟类当作"工具"使用。蚁浴分为主动蚁浴和被动蚁浴。主动蚁浴是指鸟类用喙啄起一只或数只蚂蚁，将它们放在羽毛上，特别是翅膀的下部。在被动蚁浴中，鸟类站在蚁丘上，伸展翅膀，展开尾巴，最大限度地让身体接触这些"愤怒"又无孔不入的昆虫。因为仅有极少数鸟类将蚂蚁当作首选食物，所以各种鸟类寻找蚁群必定还有其他原因。

人们提出了许多理论来解释蚁浴，其中最荒谬的一种认为，蚁浴是鸟类为了获得性满足而做出的行为，因为鸟类在使用蚂蚁进行主动蚁浴时，着重擦洗了泌尿生殖区域。另一种假设是，将会叮咬的蚂蚁放在身上有助于缓解脱毛后新羽毛生长所带来的疼痛感和瘙痒感。

就轶事证据和一些宽松实验来看，最可能的解释是，蚁酸和其他具有腐蚀性的蚂蚁分泌物可以驱赶或杀死鸟类身上的螨虫、虱子等体外寄生虫。这种设想也可以用来解释鸟类用甲虫、蟏类、蝗虫、蠼螋、蜂类和马陆代替蚂蚁来进行蚁浴的行为。人们也曾观察到，鸟类还会用柑橘类水果、洋葱、啤酒、芥末、生发液、樟脑球甚至烟头和燃烧的火柴来梳理羽毛。这些物品的共同点即便不在于它们都具有杀虫特性，至少也在于它们都含有一种或多种强效化学成分。

Aposematism

警戒态

昆虫世界中随处可见鲜艳的"警戒色"。警戒色就像"广告"，将一种生物的毒性或强大的防御能力昭告天下，警告潜在的捕食者保持距离。这些"广告"极具威慑力，以至于完全无毒、无害的美味昆虫也将它们作为一种自我保护的"骗术"。在"警戒广告"里，默认的流行色通常是黑色或亮蓝色与黄色、橙色、红色或白色组合而成的对比色。

很多昆虫还会通过大量聚集的方式来放大警告信息。这种聚群行为在一些半翅目昆虫、毛虫、叶蜂幼虫，以及某些胡蜂和蜜蜂中尤为常见。一些半翅目昆虫的若虫可能会同时蜕皮，这样兄弟姐妹们的"战袍"就可以保持一致；它们的"当季衣橱"也能随着每个龄期（若虫在连续两次蜕皮之间所经历的时间）而变化。

有些昆虫将警戒态与伪装结合起来，保持隐态直到最后关头，然后突然亮出警戒色，吓退对它们构成威胁的潜在捕食者。[1] 出其不意露出的色彩让捕食者措手不及，不得不思考对策，这就为昆虫赢得了短暂的逃跑时间。螳螂、竹节虫、蝗虫和螽斯都以制造这种戏剧化的场面而闻名。它们甚至会在"表演"中加入音效，比如拍打翅膀或摩擦腹部，制造出富有节奏、惊心动魄的响声。

警戒色的主要恐吓对象是鸟类和哺乳动物等在白天依靠视觉捕食的脊椎动物，因此夜行性昆虫需要不同的警戒策略。例如，灯蛾虽然色彩艳丽，但它们在夜间飞行时还会发出警告声，从而阻止蝙蝠来捕食；萤科（Lampyridae）和光萤科（Phengodidae）的甲虫，比如萤火虫（fireflies）、光萤幼虫（glowworms）和铁路幼虫（railroad worms）等，还会利用生物发光为自己的毒性"打广告"。事实上，并不是所有的萤火虫成虫都能闪光或发光，但所有已知种类的萤火虫在幼虫阶段都能发光。

另见词条：生物发光（Bioluminescence）；摩擦发音（Stridulation）。

---

1 即瞬彩，指昆虫在受到威胁时突然显露鲜艳的色彩，以吓退天敌或捕食者。——译者注（若无特殊说明，本书注释皆为译者注）

archy the Cockroach

蟑螂阿奇

"对我们来说，总有一些小事大得难以承受。"这句充满智慧的话出自蟑螂阿奇，它是作家、诗人和剧作家唐·马奎斯笔下的一个虚构角色。1916 年，马奎斯在纽约发行的《太阳晚报》的专栏中首次向读者介绍了这只蟑螂和它的猫咪伙伴——梅希塔贝尔。阿奇生活在马奎斯的办公室里，据说它每天夜里都在打字机上翻来跳去，给马奎斯留下一份宣言或一首诗，让他在次日阅读。由于阿奇不能同时按下 Shift 键和其他字母键，所以所有内容都是小写的，包括它的名字。标点符号自然也不必计较了。

蟑螂阿奇和梅希塔贝尔

直到 20 世纪 30 年代早期，这只蟑螂和它的猫咪伙伴都广受欢迎，为读者带来了欢乐。对马奎斯而言，这也是一种巧妙的创作方式，让他可以对整个人类社会提出批判，又不必承受遭人报复的危险——毕竟，这些可都是阿奇写的。

阿奇和梅希塔贝尔的形象经久不衰，它们的幽默总能令我们会心一笑，它们对人类物种的评价更是经典。因此，直到今天，它们仍然活跃在各种媒体和单人表演中。众多艺术家将阿奇的散文和诗歌改编成音乐作品。早在 1953 年，女演员卡罗尔·钱宁就曾饰演梅希塔贝尔，演员埃迪·布莱肯与她搭档，扮演阿奇。1957 年，布莱肯与著名女演员、歌手艾萨·凯特，作曲家乔治·克林辛格和梅尔·布鲁克斯合作，以马奎斯的原作为基础，增添布鲁克斯撰写的对白，创作了百老汇音乐剧《胫骨巷》（*Shinbone Alley*）。从 1927 年的《阿奇与梅希塔贝尔》到 2006 年的《阿奇与梅希塔贝尔》（注释版），这部作品的文学典藏版本也层出不穷。未来还会有更多关于阿奇与梅希塔贝尔的作品吗？

另见词条： 虫族（Bugfolk）。

Arthropods

节肢动物

"节肢动物"这个词常被错读成"anthropod"（与之发音接近的词其实是 anthropoid，意为"类人的"或"类人猿"）。这或许是因为相较于包含各种无脊椎动物（昆虫也在其中）的"节肢动物门"（Arthropoda），人们更常听到研究人类及人类文化和社会的"人类学"（anthropology）。但是，我们可以说，节肢动物远比人类重要，因为它们是地球上生物量最大且生物多样性最丰富的物种。从能飞过针眼的缨小蜂到足展长达 4 米、体重 20 千克的巨型蜘蛛蟹，节肢动物的体形相差极大。

节肢动物的多样性程度如此之高，使得我们很难对它们加以概括，不过它们确实具有一些共同特征。所有节肢动物都长有外骨骼，它们没有脊柱。许多节肢动物看起来像是奇异的外星生物，大众甚至很难相信它们是动物。节肢动物的身体通常是两侧对称的，就像我们一样，左侧是右侧的镜像。不过，它们没有封闭循环系统，节肢动物的"血液"（即血淋巴）可以充斥整个体腔。

节肢动物最显著的特征是具有体节和附肢关节。事实上，"节肢动物"这个词在现代拉丁语中就是"关节足"的意思。节肢动物门由德国动物学家卡尔·西奥多·恩斯特·冯·西博尔德（Carl Theodor Ernst von Siebold）于1848年创立，其名称"Arthropoda"由古希腊语中表示"关节"的"árthron"和表示"足"的"poús"组合而成。昆虫是昆虫纲的节肢动物。蜘蛛、螨、蜱、蝎子、避日蛛、盲蛛、马蹄蟹（即鲎，截至2019年）以及与它们具有亲缘关系的目都属于蛛形纲。马陆又叫千足虫，属于倍足纲，蜈蚣属于唇足纲。螃蟹、虾、龙虾等十足目动物，以及其他大部分海洋节肢动物都属于甲壳纲。尽情享受你的下一盘海鲜吧。

Autotomy

自　切

有些昆虫所做的自我牺牲堪称登峰造极。为了生存，大多数直翅目昆虫（竹节虫、螳螂、蟑螂、蝗虫、螽斯和蟋蟀）很乐意"丢卒保帅"：自行切断一条足，以保住没有被捕食者控制的身体部位。这种自行截肢的行为叫作

"自切"，又称为"自残""自割"或"自截"。能断尾求生的蜥蜴也是一个例子。失去一节肢体几乎不会拖慢昆虫的运动速度，如果它们还没到成虫期，那么下一次蜕掉外骨骼时，总可以长出新的肢体来。

这是如何实现的呢？昆虫的足可以自由转动，但在转节与股节之间（想想我们的髋关节和大腿）有一个薄弱的断面。这个点位持续受力就会导致足部断裂。就现有记载而言，南澳大利亚州的驼螽的"自残"或许是最极端的：在食物极度匮乏时，这种昆虫会吃掉自己的后足。

蜜蜂、其他多种社会性蜂和某些收获蚁［须蚁属（*Pogonomyrmex* spp.）］都长有带倒刺的螫针，一旦嵌入昆虫体内，倒刺就会牢牢钩住。这些倒霉的昆虫想要离开，就得大力拔出毒刺，导致毒液囊和腹部重要器官撕裂。

自切还有一种不这么激烈的衍生形式：自动出血，又称"反射出血"。许多常见的甲虫成虫，包括瓢虫、叶甲虫、萤火虫和斑蝥等，都会有这种行为。斑蝥的血淋巴中含有一种叫作斑蝥素的强力防御性化学物质。其他反射出血的昆虫，其血淋巴可能具有毒性或十分黏稠，能够驱赶或困住蚂蚁等小型捕食者。昆虫体内流体静压的变化控制了反射出血的发生、持续和终止。

另见词条： 驼螽（Camel Crickets）。

B

Beaded Lacewings

鳞蛉

昆虫界极有趣的轶事之一就发生在鳞蛉身上。鳞蛉是脉翅目鳞蛉科昆虫，脉翅目的其他成员还有我们熟悉的蚁蛉、草蛉、褐蛉等。脉翅目昆虫的成虫都很漂亮，大多纤细而精致，其幼虫则往往是以其他昆虫为食的贪婪捕食者，未成熟的鳞蛉科昆虫自然也不例外。其中，又以一种宽茎角翅鳞蛉（学名 *Lomamyia latipennis*）幼虫的捕猎方式最为怪异滑稽。

雌性毛蛉虫将卵产在布满白蚁的腐木上，幼虫从卵中孵出后，就开始疯狂地寻找白蚁。只要遇到白蚁，幼虫就会转身，摇晃着将腹部后端对着体形远胜自己的猎物。1 分钟至 3 分钟内，白蚁就会完全瘫痪，显然是幼虫的"胃肠胀气"害了它。然后，幼虫就可以大快朵颐了。在蜕皮成一动不动的 2 龄幼虫之前，它们有两三周的时间用这种方式捕猎。久坐不动的"沙发土豆"2 龄幼虫阶段只持续几天，然后它们就会再次蜕皮，蜕变成凶残的"灭蚁机器"。

再长大一些，毛蛉虫幼虫就能用它们的"屁股"先发动攻击，可一次性放倒多达 6 只的白蚁。它们的"屁"里含有一种异源激素（又称利己素），这种异源激素显然只对白蚁具有毒性，因为即使在实验室封闭的培养箱里，待在毛蛉虫幼虫附近的其他昆虫，比如树虱，也不会被"熏倒"。宽茎角翅鳞蛉是目前已知唯一使用这种"技术"捕猎的物种。褐角翅鳞蛉（学名 *Lomamyia hamata*）的捕猎办法就简单一些：它们用上颚钳住白蚁，注射使其麻痹的神经毒素。大多数草蛉幼虫也都用这个办法。至于为什么白蚁不会将鳞蛉幼虫视作威胁，这至今还是一个未解之谜。

Beer Bottle Beetles
甲虫爱上啤酒瓶

栖息地消失和气候变化是昆虫数量下降的主要原因，而在西澳大利亚州，有一种名叫贝氏麻背吉丁虫（学名 *Julodimorpha bakewelli*，英语称为 Jewel beetle，意为"宝石甲虫"）的昆虫则险些因为垃圾废弃物而全族覆没。谢天谢地，这个故事有一个相当圆满的结局。这个地方的雄性"宝石甲虫"对某种品牌的啤酒的玻璃瓶趋之若鹜，这种矮胖啤酒瓶的质地和光泽与雌性"宝石甲虫"相同，颜色也十分接近。啤酒瓶对雄性"宝石甲虫"的这种吸引力被称为"超常刺激"，它虽然没有生命，个头也比雌性"宝石甲虫"大得多，但它携带着所有正确的爱情信号——真正的雌性确实比雄性大，并且也不会飞。就这样，在与繁殖时干旱的气候条件相似的环境下，雄性"宝石甲虫"与啤酒瓶邂逅了。

对"宝石甲虫"来说，这可不是什么好笑的事。在试图与啤酒瓶交配时，它们徒劳地消耗了大量体力，以致疲劳、脱水而死，或在过程中被蚂蚁杀死。这种现象最早在 1980 年的一张照片中被记录下来，并促使达里尔·格温（Darryl Gwynne）和戴维·伦茨（David Rentz）次年就

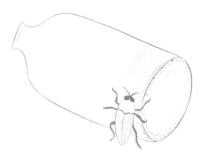

Australian jewel beetle
Julodimorpha bakewelli

澳大利亚的贝氏麻背吉丁虫

此进行了野外试验。2011 年，他们凭借这些研究获得了"搞笑诺贝尔奖"生物学奖。啤酒厂的表态令人肃然起敬：他们改变了瓶子的设计，去掉了原先瓶子底部吸引"宝石甲虫"的突起图案。这种"宝石甲虫"也登上了于 2016 年 9 月 6 日发行的《宝石甲虫》纪念邮票，面值 1 澳元，成为这套邮票上的四种宝石甲虫[1]之一。

Biblical Bugs
《圣经》里的虫子

一直以来，《圣经》都影响着部分人对待昆虫的态度。尽管《圣经》中也有不少章节将昆虫视为勤奋和谦逊的榜样，但其中涉及昆虫的大部分内容都将它们诠释为带来瘟疫和饥饿的敌人，绝不应姑息。例如，《出埃及记》中的十灾就包括了虱灾、蝇灾和蝗灾。

历史上，这些灾疫被理解为上帝对人类不道德和罪恶的惩罚。从科学的角度来看，它们只不过是一些反复出现

---

[1] 四种宝石甲虫分别是 *Stigmodera gratiosa*、*Castiarina klugii*、*Temognatha alternata* 和 *Julodimorpha bakewellii*。

的自然现象，或是人们不注意卫生或忽视其他世俗原因造成的结果，与"神的干涉"并无关系。蝗虫群聚成灾至今仍是一个周期性的问题，随之而来的是饥饿和贫困。气候变化和人口增长或将共同导致发生频率更高、后果更加严重的蝗灾。单是引发厄尔尼诺暖流的自然周期就可能使传播疟疾的蚊子和携带其他病菌的苍蝇数量激增。

总体而言，《圣经》关注了人类，也适时恰当地提到了一些节肢动物。上帝告诫我们："懒惰的人哪，你去察看蚂蚁的动作，就可得智慧。"（《箴言篇》6:6）这种认为本能行为能够反映道德品质的观点，也算是一种有趣的概念吧。不过，英国生物学家和遗传学家霍尔丹（J. B. S. Haldane）也曾于1951年根据他对生物多样性的观察断言，造物主"对甲虫过于偏爱了"。

Biocontrol
生物防治

农业革命对病虫害防治提出了前所未有的挑战。时至今日，考虑到现代农业的庞大规模，以及人们无意或故意引进的外来物种所造成的持续性威胁，农作物减产带来的损失是空前惨重的。生物防治是利用天敌来防治害虫的一种方法，包括引入昆虫捕食者和寄生虫、针对外来入侵植物投入食草昆虫、利用微生物和病毒病原体，以及在昆虫生长期内操纵或干扰其激素周期等。

理论上，生物防治针对的是一种特定的害虫，不会对非目标生物造成伤害。这种病虫害防治方法至少可以追溯到 13 世纪，当时中国人将黄柑蚁（学名 *Oecophylla smaragdina*）的巢穴放置在柑橘园中，用以消灭果园里的一种椿象。从那时起，生物防治的成功案例就层出不穷，比如 19 世纪末，澳洲短角瓢虫（学名 *Novius cardinalis*）就在加利福尼亚州爆发吹绵蚧虫害时挽救了当地的柑橘林。

工业革命进一步推动了农业革命，农业规模呈数量级式增长，亟须新的病虫害防治方法。人们交出的答卷是大范围喷洒化学杀虫剂，特别是第二次世界大战之后，化学和生产的进步使农药成为性价比很高的解决方案。后来生物防治在美国逐渐衰落，直到蕾切尔·卡森的《寂静的春天》一书唤起了人们对长期使用化学杀虫剂的疑虑。

虽然人们在改进生物防治手段方面不断取得重大进展，但许多为防治入侵昆虫和入侵植物而引进的物种还是

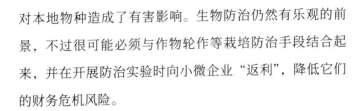

对本地物种造成了有害影响。生物防治仍然有乐观的前景，不过很可能必须与作物轮作等栽培防治手段结合起来，并在开展防治实验时向小微企业"返利"，降低它们的财务危机风险。

另见词条：苏云金杆菌（Bt）；有害生物综合治理（Integrated Pest Management）。

Bioluminescence
生物发光

　　夜间发光的生物激发了我们的无尽想象；在它们当中，或许没有比萤科甲虫萤火虫更吸引人的了。不过，萤火虫并不是唯一能发光的昆虫；更有趣的是，萤火虫中发光的几乎都是幼虫，很少有成虫。这种"冷光"是如何产生的呢？简单地用一句话来解释：这是化合物荧光素在萤光素酶的催化下与氧结合而产生的化学反应。这种现象与"荧光"（fluorescence）不同，后者指的是生物体在紫外线照射下发光的现象。

昆虫发光看起来主要有三种用途。

第一，充当夜间的警戒态。生物发光可以警告潜在的捕食者，眼前的猎物有毒或非常难吃。许多萤火虫都含有萤蟾素，这是一种与蟾蜍毒素类似的类固醇毒素。所有已知萤火虫物种的幼虫都可以发光。

第二，吸引猎物。扁角菌蚊科的多种肉食性真菌蚋幼虫从卵中孵化出来就会持续发光，并吐出黏液状细丝织筑筒状的"安全房"。小真菌蚋（学名 *Arachnocampa luminosa*）是新西兰特有的物种，其幼虫会吐出一条长长的黏性细丝，并将丝倒垂下去；之后成百上千条幼虫聚集在一起，发出耀眼的光芒，将小昆虫群吸引到它们吐丝结成的陷阱之中。然后，幼虫就能将被缠住的猎物混着丝线一起吞下肚了。这种奇特的昆虫形成了独一无二的景观，它们栖息的洞穴也成了景点，引得旅游者蜂拥而至。巴西中部潘塔纳尔地区的白蚁丘里，生活着巴西叩头虫（学名 *Pyrearinus termitilluminans*）的幼虫。它们可以随心所欲地让头部以下的身体部位发光。当蚁穴中长有翅膀的蚁后和雄性白蚁（长翅繁殖蚁）成群结队飞出来时，立即就被发光的叩头虫幼虫吸引住了。于是，叩头虫幼虫就在这群白蚁中吃起了大餐。成群的长翅蚂蚁同样也难逃噩运。

第三，吸引异性。如今这种现象主要被视为后天适应。

另见词条：警戒态（Aposematism）；荧光（Fluorescence）。

Boll Weevil
棉铃象甲

很少有昆虫像棉铃象甲（学名 *Anthonomus grandis*）一样受尽鄙视；讽刺的是，也很少有昆虫像棉铃象甲一样广受赞美。这种甲虫凭一己之力，在 20 世纪初让美国棉花产业对它们俯首称臣。棉铃象甲可能原产于墨西哥中部，19 世纪 90 年代末迁徙到美国。这种昆虫也在南美洲广泛繁殖传播，大约在 1983 年进入巴西。

雌性棉铃象甲用长喙的末端在棉蕾或幼嫩棉铃上穿一个洞，将卵产在里面。幼虫孵化出来就开始进食，并在此过程中破坏棉蕾或棉铃。棉铃象甲每年可以繁殖数代。

我们几乎用尽了防虫、除虫手段来对付棉铃象甲，但它们简直"坚不可摧"。起初，人们企图通过建立无棉区

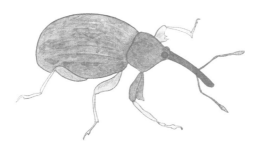

Boll weevil
Anthonomus grandis

棉铃象甲

来阻止棉铃象甲的繁殖传播，但这种做法遭遇了强大的政治阻力，终未能付诸实施。杀虫剂不过是成功地制造出具有耐药性的棉铃象甲，而且对其的抑制又会让蚜虫和棉铃虫乘虚而入、泛滥成灾。

　　这样的棉铃象甲已成为美国南部经济生活和文化现象中的熟脸。人们不但创作了有关它们的传统蓝调歌曲，甚至还为它们树了一座纪念雕像。自 20 世纪 20 年代以来，这首歌衍生出无数改编版，众多艺术家也演绎出各种版本。布鲁克·本顿（Brook Benton）演唱的版本在 1961 年 7 月中旬登上《公告牌》杂志"百强金曲"，并连续三周蝉联亚军。棉铃象甲的纪念雕像矗立在阿拉巴马州科菲的企业镇上。这座意大利制造的雕像落成于 1919 年 12 月 11 日，主体是一名手捧浅碗的女性。1949 年，雕像顶部增加了象甲装饰，同时在基座处加装了喷泉。整件作品高度超过 4 米，为免真品受到永久性损伤、遭到故意破坏或失窃，目前向公众展示的是复制品。

Bombardier Beetles
投弹手甲虫

许多昆虫使用化学方法保护自己免受天敌和捕食者的攻击；作为步甲科（Carabidae）步甲的一个子类，屁步甲（俗称"放屁虫"）使用的是爆炸性的"重磅武器"。我们对屁步甲"化学战"机制的理解，得益于已故的托马斯·艾斯纳博士（Dr. Thomas Eisner）数十年不减的好奇心，以及他所不懈推动的创新与合作。他与化学家、工程师以及"高速摄影之父"哈罗德·埃杰顿（Harold Egerton）通力协作，破解了屁步甲非凡武器的机关。

屁步甲成虫及其亲缘昆虫的腹部都长有成对的腺体和负责储存液体的腔室，这些腺体可以合成一种名为对苯二酚的化学物质。屁步甲将对苯二酚和过氧化氢分别储存在不同的储液室中。当它们受到敌人攻击时，包裹着储液室的肌肉会收缩，挤压液体通过一个瓣膜结构的"阀门"进入肛门前方的"反应室"。这个反应室里有两种酶，一种是过氧化氢酶，可将过氧化氢分解成氧气和水；另一种是过氧化物酶，可将对苯二酚氧化成苯醌。结果就是"毒气弹"爆炸，喷出的苯醌射向敌人。

苯醌不仅具有刺激性，而且温度很高，从屁步甲尾部排出时，其温度可高达 100℃。由于反应室与腹部相连，屁步甲可以控制毒液的喷射方向。此外，屁步甲发动攻击时"砰"的一声响也表明，这个过程中发生了微爆炸——只不过它们用的不是大炮，而是机枪。屁步甲如此与众不同，在艾斯纳的推动下，1999 年 10 月 1 日美国发行的一套 20 枚纪念邮票上出现了它们的形象。翻开靠近水边的石块或腐木，你也许就会和这位"投弹手"狭路相逢。伸手抓它们之前，一定要三思啊。

Braun, Annette Frances (1884—1978) [1]

安妮特·弗朗西丝·布劳恩

　　走在研究领域前沿的女性科学家常常被人们忽略，她们获得的赞誉远不及男性同行。昆虫学家安妮特·弗朗西丝·布劳恩一生中创造了许多"第一"，比如在 1911 年成为俄亥俄州辛辛那提大学第一位获得博士学位的女性——她的妹妹爱玛·"露西"[2]·布劳恩是该校的第二位女博士。姐妹俩组成了一个超级团队，露西研究植物，安妮特则专攻小鳞翅亚目（Microlepidoptera）昆虫研究。小鳞翅亚目蛾的体形实在是太小了，以至于今天大多数昆虫学家对它们视而不见。

　　布劳恩姐妹大部分时间在俄亥俄州内旅行，后来还走遍了肯塔基州。从 20 世纪 30 年代开始，她们也多次前往美国西部考察，前后多达 13 次。安妮特对细节有敏锐的观察力，更有绘制科学插画的天赋。她在 1914 年出版

1　词条中英文人名遵照原文，按照"姓，"＋"名"的格式书写，不做改动，文中英文人名则采用一般书写格式，即"名"＋"姓"。——编著注

2　英文名中加引号的名字部分是这人的绰号或昵称，因这人的社交圈通常用绰号称呼她/他，所以提到她/他时会把绰号和正式名字放在一起，便于识别。——编者注

了第一部作品，之后笔耕不辍，直到 1972 年出版了最后一部专著。终其一生，安妮特为超过 340 种新物种定了学名。1926 年，她当选美国昆虫学会副理事长；1949 年，被选为费城自然科学院的通讯员，她收藏的 30 000 只潜叶蛾标本现在都存放在这里，这些蛾子大部分原本是两姐妹在辛辛那提的家中饲养的。1959 年，安妮特又当选了俄亥俄州昆虫学会理事长。

除了在科学领域有所成就之外，布劳恩姐妹还是积极的环保主义者，更曾为保护俄亥俄州亚当斯未受污染的独特自然生境而大声疾呼。这里的草原及其生态系统保护区、大自然保护协会办公室所在地——走在技术前列的尤利特中心，以及辛辛那提自然历史博物馆野外实验室，无不传承着她们的精神。

Brochosomes

网粒体

你有没有注意过，一些叶蝉（叶蝉科）的前翅上有白色的白垩质斑点。没有吗？那现在你可要留心看了。这种椭圆形的、凸出的斑点并不是某些昆虫特有的标记，而是一种更加神奇的东西。

网粒体是马氏管腺体分泌的一种蛋白质脂质颗粒，马氏管是昆虫排泄系统的组成部分。网粒体为中空球体，包含类似蜂窝的近六边形和近五边形小室。这些颗粒最显著的特性是它们具有极强的抗湿性，特别是层叠排列时，抗湿性更强。当叶蝉聚集在一起时，它们会沾到彼此分泌的黏糊糊的液态排泄物（蜜露），这时候网粒体就派上用场了。糖类化合物大量积聚会让昆虫陷入"蜜糖沼泽"，将它们的身体粘在一起；并且蜜露很快会长出霉菌孢子，危害昆虫的健康。甚至清晨露水较重也会让叶蝉动弹不得，更不消说下午的倾盆大雨了。

网粒体似乎是叶蝉科昆虫特有的，很多叶蝉科昆虫会

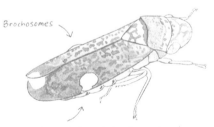

宽头神枪手（即广头瘤大叶蝉，学名 *Oncometopia orbona*）的网粒体

将它涂抹在体表。叶蝉用长长的后足涂抹网粒体，就像我们擦防晒霜一样。脊大叶蝉族（Proconiini）的雌性大叶蝉也会在产卵之前分泌出雪茄形状的网粒体，并将这些长圆形的颗粒贮存起来。雌性叶蝉将刀状产卵器插入植物组织产卵，然后将网粒体涂在植物的"伤口"上。这既可能是为了驱赶捕食者，也可能是为了防止卵发霉，抑或二者兼而有之。人们对网粒体的研究目前仍处于相对初级的阶段。

另见词条： 蜜露（Honeydew）；马氏管（Malpighian Tubules）。

Brood Parasitism
巢寄生

覆葬甲属（*Nicrophorus*）的食腐甲虫埋葬虫最出名的"事迹"就是处理小型哺乳动物、鸟类和爬行动物的尸体[1]，并将尸体制成"肉丸"来养育后代。疥覆葬甲（学名

1　它们在取食动物尸体时，总是不停地挖掘尸体下面的土地，将尸体埋在地下，故而得名"埋葬虫"。

Nicrophorus pustulatus）更是通过一种令人惊讶的方式丰富了它们的"作案手法"。

加拿大安大略省女王大学生物站对俗称黑鼠蛇的豹斑蛇（学名 *Pantherophis obsoletus*）进行过一项长期研究，最终有意料之外的发现。研究人员从洞穴中挖出的很多蛇卵（蛇蛋）都遭到了疹覆葬甲的破坏。一些蛇卵内发现了疹覆葬甲幼虫；还有一些破了洞，可能是成虫为了取食蛇卵或为幼虫预备入口而啃破的。这是一个令人吃惊的案例：无脊椎动物对脊椎动物寄主进行了巢寄生。严格说来，因为这种甲虫的幼虫总是杀死其寄主，所以它们被归为拟寄生物。"拟寄生"这一术语通常只用于描述将其他昆虫作为寄主的独居蜂和寄生蝇。

由于这些黑鼠蛇年复一年地在同一地点的共用巢穴里产卵，它们就成了疹覆葬甲能够依赖的可靠资源。疹覆葬甲也因此比其他埋葬虫繁殖得更加成功。在疹覆葬甲的整个地理分布区域之内，巢寄生似乎都是它们惯常采用的策略：在安大略省南部的狐蛇（豹斑蛇属）洞穴和美国伊利诺伊州的黑鼠蛇洞穴中都发现了埋葬虫幼虫。目前人们还不清楚这一物种是如何利用爬行动物资源的，也不知道埋葬虫成虫到底是如何找到蛇卵的。也许这一切都是从一只埋葬虫偶然掉落在一枚破损或未孵化的蛇卵上开始的。

这种现象的发现表明，我们需要更多的野外生物学家，也需要不同学科的科学家之间加强合作。对生态关系更深入的理解应当成为大部分实地研究背后的驱动力。

Bt

苏云金杆菌

苏云金杆菌，即苏云金芽孢杆菌（学名 *Bacillus thuringiensis*，简称"Bt"），是害虫防治领域使用最广泛的生物防治剂之一。苏云金杆菌以其对某些特定种类害虫的防治能力而闻名，自 1970 年以来一直是消灭病虫害的利器。讽刺的是，苏云金杆菌最初被人们当成了蚕宝宝的死敌。1901 年，日本生物学家石渡繁胤分离出一种细菌，并将它命名为猝倒芽孢杆菌（学名 *Bacillus sotto*）。他断定，这种细菌就是导致蚕猝倒病[1]的原因。十年后，恩斯特·贝

1　蚕猝倒病，又称"细菌性中毒病"，是蚕摄入苏云金杆菌及其变种所产生的毒素后发生的中毒症。蚕在摄入大量毒素后，会停止采食桑叶，全身麻痹而猝毙。

尔林纳（Ernst Berliner）在一种储粮害虫地中海粉螟体内再次发现了它。贝尔林纳用粉螟的发现地德国图林根州的名字将这种细菌命名为"苏云金杆菌"。这个名字就这样流传下来了。

苏云金杆菌的主要毒素来自孢芽形成过程中产生的晶体。只有昆虫摄入孢子，苏云金杆菌才能杀死它。一起典型的"杀虫事件"是这样发生的：晶体在昆虫的中肠腔溶解，释放出名为 δ-内毒素的蛋白质[1]。毒素被中肠内的酶水解，导致昆虫停止进食，并侵蚀其肠道内壁。然后，苏云金杆菌以及通常有益于昆虫的肠道菌群传遍昆虫全身，导致其死亡。

苏云金杆菌不仅可作为常规杀虫剂使用，还可用于转基因植物。将晶体蛋白毒素基因转入植物基因组，植物体内就会生成自己的苏云金毒素。自 1996 年以来，世界各地都种植了转入苏云金杆菌基因的棉花、大豆、玉米、土豆和其他作物。

虽然苏云金杆菌是人们所期望的"有机"防治手段，

1　δ-内毒素（delta-endotoxins）就是杀虫晶体蛋白（Insecticidal Crystal Proteins，简称"ICPs"）。

但它并不完美。使用苏云金杆菌必须把握好时机，确保施放时间与目标害虫的生命周期一致。此外，鉴于存在数千种不同菌种，务必注意用对菌种。苏云金杆菌不会像化学杀虫剂那样长期停留在环境中。根据记载，很多昆虫物种都对苏云金杆菌产生了抗性，特别是小菜蛾和印度谷螟。

另见词条：生物防治（Biocontrol）；有害生物综合治理（Integrated Pest Management）。

Bugfolk

虫　族

科学拒斥将人类的情感和目的加在其他动物身上的拟人主义；所幸，为了满足我们的娱乐需求，艺术家们并不介意用包括昆虫在内的各种动物来创作拟人漫画。已故昆虫学家查尔斯·L. 霍格（Charles L. Hogue）在 1979 年创造了"虫族"（bugfolk）一词，来描述人类和昆虫的艺术性融合。

漫画家经常将昆虫描绘成两足动物，长有四肢而不是六足。他们笔下的昆虫面部轮廓更圆，眼睛有瞳孔，还穿着人类的服装。这么做是为了让昆虫看起来更吸引人还是让人类更缺乏吸引力，就取决于艺术家们的创作意图了。许多社论漫画家通过将人类"昆虫化"来表现我们不太光彩的一面或反映当时的社会政治氛围。这一点在 19 世纪 40 年代法国艺术家格兰维尔[1]（J. J. Granville）的作品中体现得尤为明显。英国插画家布根（L. M. Budgen）追随格兰维尔的脚步，但依然忠于自己的风格，并用假名 *Acheta domestica*（家蟋蟀的学名）出版作品。她的《昆虫生活图谱》（*Episodes of Insect Life*）在科学准确性和天马行空的想象之间游走。

1897 年，插画大师约翰·坦尼尔（John Tenniel）绘制了刘易斯·卡罗尔的名作《爱丽丝梦游仙境》中的角色——烟不离手的毛虫；来自 1940 年迪士尼同名动画片的蟋蟀吉姆尼（Jiminy Cricket）展现了昆虫快乐和积极的

---

1 格兰维尔是法国漫画家让·伊格纳茨·伊斯多尔·热拉尔（Jean Ignace Isidore Gérard，1803—1847 年）的笔名。热拉尔被视为超现实主义运动的先驱，他善于对动植物进行拟人化的描绘。其作品形式多样，从政治讽刺漫画到图书插图不一而足，其中出版于 1844 年的《另一个世界》对后世影响最大。

after L. M. Budgen, "Sipping their cups of dew"
Episodes of Insect Life, vol. 2, 1850

"啜饮花蜜"，《昆虫生活图谱》（第二卷，1850 年），L. M. 布根绘

一面；青蜂侠和蚁人这样的超级英雄则实现了人类智能与昆虫身体能力的结合，这正是人们想要看到的。其他艺术家还将"虫族"刻画成了恶魔、仙女和其他超自然生物。

当代漫画家加里·拉尔森（Gary Larson）的成名，一定程度上应归功于他将人类对尴尬和失望的担忧与昆虫的行为融为一体，将人类的优越感装进了昆虫的小脑袋。拉尔森将昆虫从它们的正常生活环境中剥离，放置于公司办公室、郊区、家庭住宅、游乐场、公路等人类的生活场景

之中，进一步强化了"虫族"的形象。拉尔森的创作风格和主题为无数漫画家带来了灵感，在他隐退之后，这些后辈成为众人瞩目的新焦点。不过最近，他的作品在互联网上再度流行起来。

另见词条：蟑螂阿奇（archy the Cockroach）。

Bushman Arrow Poison Beetles
布须曼人箭毒甲虫

虽然许多昆虫对捕食者来说都是有毒的，但人类很少对这些昆虫加以利用。人类使用有毒昆虫的一个例子出自非洲南部卡拉哈里沙漠北部的闪族人（也称"布须曼人"），他们用取自箭毒叶甲属（*Diamphidia*）和非洲叶甲属（*Polyclada*）叶甲及其寄生虫 [壶步甲属（*Lebistina*）的三种步甲] 的毒素制成毒药，涂抹狩猎用的箭头。

其中，箭毒叶甲属的两种叶甲以没药树（橄榄科没药树属）的枝叶为食，而弯非洲叶甲（*Polyclada flexuosa*）则以马鲁拉树（学名 *Sclerocarya birrea*）的叶子为食。人们推测，这几种叶甲幼虫是从这些植物中分离出化合物来制造强效毒素的。幼虫即将成熟时，就会掉落到地面上，然后挖一个很深的洞（0.5～1米）钻进去。它们或许就是在那里遇到壶步甲属幼虫的。在叶甲幼虫建造致密的小土球并钻进去化蛹之前，这些寄生虫就附着在它们身上了。在蛹室内，叶甲的前蛹期为2～4年。

布须曼人找到这些叶甲寄居的树木，在树下挖洞，寻找它们的蛹室。他们将蛹室破开，将蛹或前蛹期幼虫取出。获取毒液最简单的方法是挤压昆虫，使它们在靠近箭头处的箭杆上分泌体液，体液就会顺势流到箭头上；也可以使用植物汁液，比如将有毒的埃塞俄比亚虎尾兰（学名*Sansevieria aethiopica*）汁液和人类唾液混合，擦在箭头上；还可以将干燥昆虫磨成粉末，使用前再与植物提取物混合，将成品晾干有助于毒药更牢固地粘在箭头上。这些毒药的毒性至少可以保持1年。有趣的是，布须曼人认为在所有这些毒物当中，壶步甲属幼虫毒性最强。

被毒箭射中的大型动物几小时内就可能死亡，也可能痛苦几天才会死亡。毒素的主要作用机制是溶血，导致血细胞破裂，从而破坏全身细胞的供氧。

Camel Crickets

驼 螽

　　驼螽科昆虫的造型令人不寒而栗，看上去更像蜘蛛而不是昆虫。有些人因为其细瘦的体形而称它们为"蜘蛛蟋蟀"或"蛛螽"，但最常用的名字还是"驼螽"。它们短小、结实而无翅的背部隆起如驼峰，很有辨识度。雌性腹部后端有剑状或镰刀状产卵器。雌性和雄性腹端都长有一对灵活的须状外突物，叫作"尾须"。这类昆虫在地下室、地窖、水井、矿井和洞穴等各种地方出没，更增添了人们对它们的畏惧。它们还有一个名字——"穴螽"。

　　一些驼螽只生活在迷宫一般的地下洞穴中，不过大多数品种还是栖息在阴暗但有光的地方，而不是更深的洞穴之内。超长的触角帮助它们在没有光线的情况下辨认方位。与此形成鲜明对比的是，沙螽（sand treaders）的足短而粗，后足还装配了"沙篮"，这可以帮助它们快速挖掘，钻进移动中的沙丘。在很多城市地区，常见的驼螽科昆虫是外来物种突灶螽（学名 *Diestrammena asynamora*），由于全球性商业的发展，这种原产于亚洲的昆虫如今已在世界各地广泛分布。

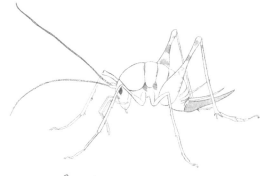

Greenhouse camel cricket

Diestrammena asynamora

突灶螽

　　驼螽是夜行性的杂食性昆虫，几乎什么有机物都吃。少数驼螽物种对蘑菇种植作业有害，但在自然界中，驼螽是食腐动物群落中的关键成员，这类动物将腐烂物质分解，使之进入土壤成为养分。许多居住在森林和洞穴里的驼螽物种似乎需要某种形式的"社交"：白天，它们常在裂缝、动物洞穴或其他栖息场所三五成群地挤在一起。

Chrysalis

蛹（用于鳞翅目昆虫）

蝴蝶（有时还有蛾）从幼虫变化为成虫的蛹期叫作"蛹"。"chrysalis"这个拉丁语词出自希腊语"khrusos"，意为"金子"。人们经常将这个术语和"茧"混淆，但二者是不能互换使用的。有时候，茧包裹着蛹期昆虫的非生命物质；有时候，毛虫可能会爬到远离其取食植株的地方，另觅一种基质化蛹。

作为蝴蝶生命周期中的"静止阶段"，通常而言，蛹是一种甚少活动但有生命的物体，极易受到捕食者的攻击和拟寄生物的侵害。因此，蛹会使尽浑身解数，通过伪装将自己隐藏起来。例如，典型的燕尾蝶蛹可以伪装成折断的树枝；蛱蝶科釉蛱蝶族（Heliconiini）某些长翅蝶的蛹看上去就像枯萎的树叶。更难解释的是，一些蛹上具有金属光泽的花纹，这有可能是在模拟反射阳光的水滴。

表面看上去一动不动的蛹，内部可是活跃得很。细胞从幼虫的身体上分解，重组为成虫的身体组织。除了基因不变，其他一切都在变。这就解释了为什么帝王蝶（Monarch butterfly，即黑脉金斑蝶，学名 *Danaus plexippus*）

chrysalis

Black Swallowtail
Papilio polyxenes

珀凤蝶（学名 *Papilio polyxenes*）的蛹

的毛虫并不打算爬去墨西哥。[1] 蛹的变化过程主要靠各种
激素来调节，缺乏（保持幼虫性状的）保幼激素也会影
响这一过程。如果一只完美的蝴蝶成虫要最终冲破蛹的
外骨骼获得自由，那么每个步骤都必须完美，不能有丝
毫闪失。

在人类文化中，蛹是蜕变和期望的象征。它蕴含着被

1　北美常见的大型蝴蝶帝王蝶是唯一具有迁徙性的蝴蝶。每年冬天，它
们会从加拿大和美国起飞，穿越数千公里，迁徙到气候温暖的墨西哥过冬。

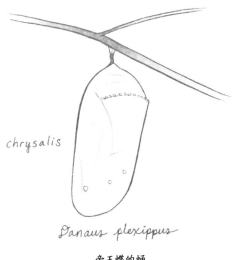

chrysalis

Danaus plexippus

帝王蝶的蛹

压抑的潜能，将蜕变成伟大而美丽的事物；它也可以寓意
死亡和重生——古埃及人正是这样看的[1]。

另见词条： 茧（Cocoon）；保幼激素（Juvenile Hormone）；变
态（Metamorphosis）。

1　古埃及人将木乃伊视为圣甲虫羽化前的蛹。

Cochineal

胭脂虫

有些昆虫生来就是为染色献身的。[1] 人们养殖胭脂虫（学名 *Dactylopius coccus*）的唯一目的就是从它们身上获取天然染料。我们在仙人掌叶片表面看到的白色茸毛状物质，就是胭脂虫分泌的蜡。胭脂虫共有 11 种，主要分布于南美洲到美国西南部。它们取食仙人掌的汁液，将部分汁液转化成胭脂红酸，并用这种带苦味的化学物质作为驱赶捕食者的防御手段。胭脂红酸也让这种昆虫通体透出鲜艳的红色。

胭脂虫直到 1725 年才被正式识别，但早在公元前 2 世纪，阿兹特克人和玛雅人就将它们当作染料了。15 世纪，西班牙征服者奴役了几个城市的居民，勒令这些战败城市每年"进贡"2000 条染色棉毯和 40 袋原色染料（也就是干燥并磨成粉末的胭脂虫）。在殖民时期，胭脂虫成为墨西哥第二大出口产品。到了 17 世纪，这种染料已经

1　此处为谐音，原文"to dye（染色）for"在英语中与"die for（为……而献身）"发音相同。

在欧洲和印度广泛交易和流通。

1821 年墨西哥独立战争的结束，标志着这个国家对胭脂虫的垄断走到了尽头。19 世纪 30 年代，危地马拉、加那利群岛、西班牙和阿尔及利亚都开始养殖胭脂虫。到了 19 世纪中期，合成染料的生产让胭脂虫养殖业一蹶不振。不过，人们之后发现一些商用染料具有致癌性，于是对胭脂虫又燃起了兴趣。目前，秘鲁是胭脂虫的主要出口国，其次是智利和墨西哥。

如今，胭脂虫主要的用途是制作微生物学所需的实验室染色剂。它们仍然是墨西哥民间手工艺品的传统染料，也用在一些化妆品中，并在食品和药品中充当着色剂。

Cocoon

茧

茧和蛹不是一回事。茧是包裹蛹的壳状覆盖物，通常由进入蛹期之前的幼虫从头部腺体分泌的细丝制成。幼虫在最后蜕皮进入蛹期之前，可能会在前蛹期进入短则几天、几周，长则几个月甚至（在极少数情况下）几年的滞育。

除了蛾和（少数）蝴蝶的毛虫以外，蚂蚁、蜜蜂、胡蜂、跳蚤、石蛾、草蛉、蚁狮及其亲缘昆虫的幼虫也会结茧。

　　茧壳通过多种方式为脆弱的昆虫提供保护。它使有机体免受天气因素的影响，提供了防水屏障，也阻止了捕食者和拟寄生物乘虚而入。长有毛刺或毒刺的毛虫还可以用刚毛来武装茧壳，增强防护。出于伪装的目的，一些幼虫会将活的或已经枯死的叶子放入茧中。还有一些幼虫吐丝或分泌唾液，将它们与土壤颗粒混合制成坚硬而牢固的茧房。建造蜂窝的群居胡蜂的幼虫则只需要用细丝糊个圆顶，将自己的单间巢室盖住即可。

cocoon
Live oak tussock moth
Orgyia detrita

皮古毒蛾（学名 *Orgyia detrita*）的茧

cocoon

Giant silk moth
Hyalophera cecropia

刻克罗普斯蚕蛾（学名 *Hyalophora cecropia*）的茧

　　成虫破茧而出可不是一件小事。蛹的末端固定在茧上，方便身体过于柔软的成虫从茧中挣脱时能抓稳蹬牢，分泌的液体则用于软化或溶解面前的丝壳。

　　茧一直令我们着迷，激发着我们的灵感。"茧居生活"意味着一种舒适和安全的状态，也是我们舒缓压力的一种方法。我们有茧形的被子、毯子和睡袋——讽刺的是，它们大多由合成纤维或植物纤维制成。桑蚕吐丝结茧，完整蚕茧的价值如此之高，乃至于"抽丝剥茧"成了人类的一项重要事业。

另见词条：蛹（用于鳞翅目昆虫）（Chrysalis）；吉卜赛飞蛾（即今舞毒蛾）[Gypsy Moth（now LD Moth）]；蚕桑产业（Sericulture）。

Collins, Margaret James Strickland (1922–1996)

玛格丽特·詹姆斯·斯特里克兰·柯林斯

玛格丽特·詹姆斯·斯特里克兰·柯林斯的故事充分表明，她在（至今仍困扰昆虫学界的）种族主义和性别偏见面前，展现了非凡的毅力。

柯林斯从小天资过人，14 岁高中毕业，随后在西弗吉尼亚州立大学取得生物学学士学位。之后，她被芝加哥大学录取为研究生，并跟随白蚁研究的世界级权威阿尔弗雷德·艾默生（Alfred Emerson）学习。虽然艾默生一直强烈阻挠柯林斯参加实地研究，但她还是坚持了下来，并获得了动物学博士学位，成为美国第一位黑人女性昆虫学家。

之后，她加入霍华德大学，担任助理教授。然而，性别偏见影响了她的晋升，她只好转投佛罗里达农工大学寻求教授职位。在佛罗里达农工大学，受到种族主义的影响，她难以施展抱负。她受邀到附近的一所大学办讲座时，甚至遭到炸弹威胁，被迫取消了原定的讲座。后来，佛罗里达农工大学学生会发起了塔拉哈西抵制公交车运动，柯林斯自告奋勇，为通勤乘客当司机。

1964 年，柯林斯回到霍华德大学担任正教授，并成为史密森学会的高级副研究员。更具讽刺意味的是，1979 年她在圭亚那与两名学生合作时，重新开放了以她的研究生导师命名的阿尔弗雷德·艾默生研究站。

柯林斯与大卫·尼科尔（David Nickle）共同发现并描述了一种新的湿木白蚁（学名 *Neotermes luykxi*），并于 1989 年发表了这项成果。柯林斯收集的昆虫标本现保存于美国自然历史博物馆，该特藏以她的名字命名。

1979 年，她在美国科学促进会主持了一个关于人类平等的研讨会，此次研讨会的成果《科学与人类平等问题》（*Science and the Question of Human Equality*）于 1981 年由西景出版社出版。

Comstock, Anna Botsford (1854—1930)
安娜·博茨福德·康斯托克

有句俗话说，每个成功男人的背后都有一个了不起的女人。安娜·博茨福德·康斯托克本身就是一位成功的女性，不需要站在谁的背后。当然，这里并没有否认事实的意思，她的确嫁给了自己的大学教授约翰·亨利·康斯托克（John Henry Comstock），并为他的著作绘图——她的木版画和钢笔画技法都相当了得。安娜是昆虫学标准教材《昆虫研究手册》（*Manual for the Study of Insects*）的合著者，并且为该书绘制了插图，编写工作从 1895 年第一版开始一直持续到 1931 年第二十版。除此之外，她还是一位教师和环保主义者。值得肯定的是，对于妻子的成就，约翰从来都是最积极的支持者。

她的经典著作——出版于 1911 年的《自然研究手册》（*Handbook of Nature Study*）至今已发行 25 个版本，被译成 8 种语言，目前仍然在版。这本书展现了安娜为环境素养教育付出的努力，也体现了她的信条：生态学和环境科学的基础知识对于保护地球具有至关重要的意义。该书也是她在自然研究运动领域的巨大成就。此外，她还出版了其他课程讲义，先后前往美国多地向中小学教师传授自然教育的教学艺术。

安娜于 1898 年被康奈尔大学任命为自然科学助理教授，是该校的第一位女教师。然而，学校董事会的部分成员反对这项任命，她被降级为讲师。复职之后，她在即将退休之前于 1919 年晋升为正教授。康奈尔大学最终以安娜和约翰的名字命名了一座建筑，这座建筑也成了对他们的永久纪念。

鉴于安娜带来的深远影响，美国国家野生动物联合会将她列入其动物保护名人堂，并在 1988 年的仪式上宣布安娜·博茨福德·康斯托克为"自然教育之母"。她也是 2017 年美国昆虫学会创始人纪念奖演讲的主题，这次的演讲者是该奖项历史上第十一位女性获奖者卡罗尔·M. 阿内利博士（Dr. Carol M. Anelli）——安娜本人则是该奖项的第三位女性获奖者。

Cricket Fighting

斗蟋蟀

脊椎动物之间的争斗被视为凶残野蛮的行为，好在北美的动物权益保护者们还没开始反对无脊椎动物之间的较量。这或许是因为，一方面，大部分擂台赛都是在北美以外的地区举行的；另一方面，同一物种、同一性别的节肢动物很少相互残杀。斗蟋蟀是中国特有的民间博戏，仅有蟋蟀属的雄性"参赛"。斗蟋蟀的历史可以追溯到唐代（公元 618—907 年）。

斗蟋蟀不只是小打小闹的娱乐；如果下注赌对了，能赢不少钱呢。人们专门培育好斗的雄性蟋蟀，这些"冠军拳手"成年后可以为主人赚得高达 20 000 美元的收入，还能在全国打出名气。南宋宰相贾似道酷爱斗蟋蟀，还为渴望赢得比赛的同好们写过一本基础入门书——《促织经》。一些学者认为，他痴迷于斗蟋蟀，以致耽误国事，导致南宋（公元 1127—1279 年）衰落。明宣宗朱瞻基（约 1399—1435 年）则因热衷斗蟋蟀而被称为"蟋蟀天子"。近代以来，斗蟋蟀曾一度被禁止；时至今日，又有人将它当作失落的传统，将这种比赛捡了起来。

斗蟋蟀

挑选"蟋蟀拳坛"的"职业选手",并不看重血统和品种是否纯正。虽然体形较大的个体更有可能取胜,并且在成熟后 12 天左右就能达到巅峰状态,但其他因素也可以帮助蟋蟀选手提高表现。研究表明,刚刚交配过的雄性更具攻击性;与其他蟋蟀隔离过一段时间的个体较为好斗;在洞穴、石缝或墙隙中独霸一方的雄性蟋蟀对同性也充满敌意。格斗蟋蟀的主人也没有忘记选手们之间这些细微的差别。斗蟋蟀广受关注,仪式讲究,饲养者在它们的饮食和居住方面更是投入了大量成本。

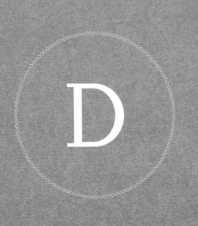

Darning Needles

织补针

在神话和民间传说中，蜻蜓的身影随处可见。因此，蜻蜓也有许多从各地民间传说中得来的叫法和绰号，织补针[1]便是其中之一。蜓科（Aeshnidae）的俗名就是"darners"（织补针）；这或许是因为，这些体态优雅的"空中飞人"纤细、瘦长、逐渐收窄的腹部与织补针有几分相像。

各式各样的俗名让这种可怜的昆虫背上了"邪恶"的名声，尤其是"魔鬼的织补针"这种带有"魔鬼"字样的名字。在民间传说里，蜻蜓会把人身体的各个部位，比如嘴唇、耳朵、鼻孔、眼睑等，都缝起来，通常淘气或不诚实的孩子会遭此厄运。不过，在新英格兰地区的传说里，只要在蜻蜓能接触到的地方睡着，任何人的手指或脚趾都可能被缝在一起。

仿佛这样还不够可怕，其他神话还变本加厉地将蜻蜓与毒蛇联系在一起，称它们为"蛇医生""饲蛇者"或"蛇仆"。据说，蜻蜓会提醒蛇警惕靠近的威胁或帮助它们寻

---

[1] 在美国北方地区及加拿大大部分地区的方言中，蜻蜓也叫 darning needle。

找食物。因此，这些传说劝阻人们不要伤害蜻蜓，以免遭到蛇的报复。

蜻蜓的别名还有"魔鬼的坐骑""蜇马刺"和"毒刺"等。欧洲历史文化中，也诞生了"蝰蛇针""蝰蛇仆人""蝰蛇毒刺"和"牛蛇"等各式别称。但蜻蜓并不蜇人，只要看到雌性蜻蜓在木头、水生植被或泥土中产卵的姿势，人们就可以理解这种行为是如何被误读的，又为何会被拿来教训易受不良影响的年轻人了。

幸好，东方文化冲淡了西方文化对蜻蜓的妖魔化描述。在日本文化中，蜻蜓被奉为力量、勇气和幸福的化身；它们也被赋予了精神意义，它们的出现象征着逝者的灵魂重返家园。

Deathwatch Beetles
报死虫

要说起最早的"摇头客"[1]，可能就要数蛛甲科的报死

---

[1] 摇头客（head-banger），听摇滚乐时疯狂摇头的人。

虫（即红毛窃蠹，学名 *Xestobium rufovillosum*）了。这种昆虫在木头里凿出通道，住在里面。雄性成虫和雌性成虫是通过这种方式找到彼此的：将脸用力磕在洞穴的"地板"上，然后根据应答"声"传来的方向调整路线。这是一种振动通信，因为报死虫听不见声音，只能感知到磕头带来的振动。但是，它们听不见，我们人类可听得见。人们由此发展出一种可怕的迷信：报死虫发出的滴答声就是虫害严重的老房子里有人死去的预兆。

雄虫通过每遍 4～11 次的快速连续击打来发起对话。雌虫显然不会主动出击，它们的敲击只是为了回应雄虫。雄虫会长途跋涉去"奔现"[1]，但很可能一不留神就走过地

Deathwatch beetle
Xestobium rufovillosum
报死虫

---

1 奔现，网络流行词，指由线上虚拟恋爱转为线下真实恋爱。

方了，或者在朝雌虫所在位置前进时犯了其他错误。雌虫并非对雄虫的敲击声都来者不拒——它们也可能"已读不回"。这就像甲虫版的交友软件：匹配并成功见面的频率刚好足以维持种群数量的增长。

D

在自然界，报死虫会钻入已经死亡或垂死的树木，在木材从砍伐到铣削之间的任何加工阶段乃至加工后都可能大量出现。一旦种群在树木里形成，就可以延续好几代。它们喜欢老木头，真菌滋生的木头是最令它们垂涎的。

因此，老旧建筑很容易受到报死虫久驱不散的侵扰。在没有一丝人类噪声的情况下，一心求偶的雄虫发出的声音听起来就很大了。这种诡异的敲打声让人们觉得家里很快就有人会死。如果木材已经遭受了几代报死虫的破坏，木质结构千疮百孔，以至于整座建筑都面临倒塌的危险，那么这种担心可就不是杞人忧天了。

另见词条：咚咚虫（Tok-Tokkies）。

Delusory Parasitosis

寄生虫病妄想

寄生虫病妄想是一种感觉，觉得有"虫子"在侵袭身体，在皮肤底下钻，并伴有难以忍受的瘙痒刺激。令人惊讶的是，有这种感觉的人并不在少数。伴随这种感觉而来的，还有一种"病人应当受到责备"的羞耻感，因为是他们自己得出了染病这种不理智的结论。寄生虫病妄想是描述这类问题的临床术语。

通常而言，这种疾病有四种特征表现。第一，患者通常会展示装在塑料袋里、盒子里或粘贴在透明胶带上的绒毛、灰尘和其他碎屑等"证据"。收到这些"证据"的人，无论是昆虫学家还是医生，都会被患者告知样本中有虫子——当然，化验结果从来都显示没有虫子。第二，患者对叮咬他的生物极尽描述，并对其来源提出各种推测。第三个要引起注意的信号是，患者拒绝接受对其症状的任何其他解释。第四，患者可能会为了减轻不适感，想甩掉"虫子"而抓挠皮肤，造成皮肤破损。

他们出现皮肤刺激反应的原因可能有很多。这可能与他们的行为、既往情况、其他疾病或药物有关。比如，寄生虫病妄想常常会困扰甲基苯丙胺成瘾者。曾受过蟑螂、虱子、臭虫或其他害虫侵扰的人，更容易患上寄生虫病妄想。还有一些病症和某些处方药的副作用也会导致患者出现类似症状。

在明显缺乏节肢动物致病证据的情况下，为排除其他潜在病因，昆虫学家别无选择，只得建议患者接受医生或心理学家的评估。虽然在符合专业规程的情况下还要保持同理心、兼顾患者情绪并不是一件容易事，但这应当成为我们努力的目标。

Diapause
滞　育

就昆虫而言，使用"冬眠"一词并不恰当——正确的术语是"滞育"。滞育可以是季节性的，就像脊椎动物的冬眠一样，但不一定必须如此。滞育，指生长发育的暂时停止和代谢过程的抑制，这可能由包括食物匮乏在内的多种情况激发产生。

大多数昆虫的滞育是兼性的[1]，这意味着滞育是由引发体内化学变化的环境因素激发的。有些昆虫会发生专性滞育，即无论环境刺激如何，滞育都会发生且必须发生；只有这样，它们才能正常生长和发育。大多数兼性滞育是由日照的变化激发的，因为光周期的改变通常是气温极冷或极热的前兆。在季节分明的地区，昆虫通常需要经过一段温度较低的时期才能终止滞育。

许多蛾类在毛虫期发生滞育。昆虫幼虫的滞育一般由激素控制，或者是由缺乏调节蜕皮的激素诱导发生的。一旦滞育终止，幼虫就会恢复进食；在其他情况下，它们以预蛹的形态一直处于滞育状态，下次活动要等到化蛹之时。黑斑皮蠹（学名 *Trogoderma glabrum*）等一些皮蠹科的昆虫解决食物短缺问题的办法不是进入滞育状态，而是通过蜕皮退回到更小的幼虫阶段，必要时还可以反复蜕皮，在生存条件转好之后再恢复正常生长。

成虫滞育主要表现为生殖停止。在滞育期间，昆虫的性器官不产生卵子或精子。迁徙的帝王蝶种群在抵达越冬

---

1 昆虫的滞育可分为专性滞育和兼性滞育。有些昆虫不论外界环境条件如何，都会按期进入滞育状态，称为专性滞育。有些昆虫滞育的激发和解除受光周期、温度等因素影响，称为兼性滞育。

地后就会进入滞育状态，依靠迁徙途中积累的脂肪储备为生。其他昆虫，尤其是椿象、甲虫、胡蜂和蝇类，也会在成熟后进入滞育状态。它们的翼肌可能会萎缩，因此对脂肪储备的代谢需求也会减少。

另见词条：蛹（用于鳞翅目昆虫）（Chrysalis）；茧（Cocoon）；保幼激素（Juvenile Hormone）；变态（Metamorphosis）。

Doodlebugs
涂鸦虫

在互联网和手机夺走我们的注意力之前，孩子们需要自己去寻找娱乐项目，这往往会让他们走到户外去。在那些年代里，最受孩子欢迎的消遣之一就是给蚁蛉科昆虫、草蛉的亲缘物种、蚁蛉的幼虫——蚁狮捣乱。在大树下、桥梁下、悬垂的岩石之下和其他遮风挡雨的地方，你向沙土中看看，可能会发现好些漏斗状的小坑，这些就是"涂鸦虫"的杰作。"涂鸦虫"是我们给掠食蚂蚁和其他致命昆虫的蚁狮起的滑稽名字。用细棍儿敲敲小土坑的坑壁或

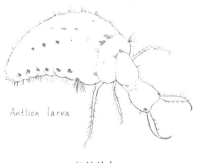

Antlion larva

蚁蛉幼虫

坑底，你会看到坑底的"住户"从里面爬出来。一边戳土坑，一边哼唱"涂鸦虫，涂鸦虫，你在家吗"，已经成了孩子们的传统。从加勒比海沿岸到亚洲地区，从澳大利亚到南非，以"涂鸦虫"为主题的儿歌层出不穷。

"涂鸦虫"这个名字源于蚁蛉幼虫在寻找新挖坑点时留在沙地上的蜿蜒痕迹。为了建坑，这种矮胖、短粗的昆虫会一边倒退着旋转，一边往地下钻。它们用头当铲子，把沙子抛到坑外。不过，并非所有的蚁狮都会挖坑。捕食时，大部分蚁狮会把自己埋在坑底的沙子里，张开大颚准备伏击。[1]

1　蚁狮头部有一对颚管，由上颚和下颚组成的空心管状口器非常尖利，可以钳住猎物，并向猎物体内注入消化液。

蚁狮在坑底作茧化蛹。[1] 之后，它们不仅会摆脱幼时的短粗身材，长成苗条的成虫，还会长出两对薄薄的长翅膀。晚上，在门廊的灯光下或田野高高的草丛中，你都能看着它们有气无力地飘动。当然，你也可以访问 The Antlion Pit（蚁狮坑）网站在线欣赏。

Drosophila "Fruit Flies"
果蝇（果蝇属）

如果说有一种昆虫对科学进步做出了最大的贡献，那么很可能就是果蝇科果蝇属的果蝇了。果蝇，通常被称为"醋蝇"或"果实蝇"[2]，后一个名字用在实蝇科昆虫身上倒是再准确不过。

这些"小飞虫"（这也是不恰当的叫法）会飞到你的厨房，落在熟透的香蕉、红酒杯和其他散发出发酵气味的东西上。果蝇被一切含有酒精的物质吸引，并且对这些物

---

1 蚁狮使用沙土和吐出的丝混合来作茧。
2 "果实蝇"是果蝇科昆虫和实蝇科昆虫的统称。——编者注

质具有耐受力。这是因为它们需要为后代，也就是蝇蛆，找到合适的食物来源——以腐烂有机物的发酵物为食的幼虫长得最好。果蝇的生命周期很短，在 25℃下仅存活 10天，其间它们能够迅速繁育产生大量成虫。

正是这种高速的世代更替，令果蝇成为最受欢迎的实验室生物之一。这个特点，以及它们唾液腺中的超大染色体，在基因研究领域大受青睐。正是果蝇帮助了托马斯·亨特·摩根博士（Dr. Thomas Hunt Morgan）开展遗传学研究并获得 1933 年诺贝尔生理学或医学奖。自此以后，在已知的 2000 多种果蝇中，黑腹果蝇（学名 *Drosophila melanogaster*）一直是实验室的首选。2000 年，研究者完成了黑腹果蝇基因组测序。

毫无疑问，果蝇将继续在细胞生物学、发育生物学、神经生物学、行为学、群体遗传学和进化生物学领域为人们带来新的发现。可是，这对你来说又意味着什么呢？这么说吧，我们智人的 DNA（脱氧核糖核酸）与黑腹果蝇的 DNA 有 60% 是一样的，而已知导致人类疾病的基因有 75% 可以在果蝇体内找到。

Ecosystem Services
生态系统服务

我们有一种倾向，就是企图用纯粹的经济学术语来证明一切事物的合理性：不能用美元和美分估价的东西，往往就是没有价值的东西。要计较虫害给我们造成的损失很容易，要计算昆虫为我们带来的益处却困难得多。

2006 年，约翰·洛西（John Losey）和梅斯·沃恩（Mace Vaughan）在《生物科学》（*BioScience*）杂志上发表了一篇文章，介绍昆虫为我们提供的四大生态服务，分别是本地昆虫授粉服务、针对害虫和拟寄生物的病虫害防治服务、粪便处理和动植物尸体降解服务，以及为鱼类和野生动物供应食物的服务。据他们估计，仅在美国，这些服务每年创造的经济价值至少为 570 亿美元。这一数字还不包括非本地蜜蜂为作物授粉、蜂蜜和其他昆虫产品的收益，也不包括蚂蚁传播种子、昆虫"修枝剪叶"维护森林健康，以及其他不会直接影响人类的活动带来的好处。作者在计算时，也排除了专为农业生态系统病虫害控制而引进或繁殖饲养的物种。

这篇具有里程碑意义的论文终于将昆虫提升到其应有

的地位：它们是经济引擎而非经济灾难。文章还呼吁减轻农业和城市化造成的自然栖息地损失，并对自然栖息地进行修复。哪怕只是在某些地块和细分区域的边缘增加生物多样性，也能增加益虫对邻近人类生态系统的潜在影响。我们可以在化学防治上减少花费，同时通过自然的授粉途径来提高水果和蔬菜的产量。

最近，学者们又往前进了一步，将昆虫的生态服务范围从支持服务和监管服务扩大到供应服务（食品、丝绸、染料、虫胶和其他物质资源）、医药和文化服务（如娱乐、旅游和精神价值）范围。

另见词条：胭脂虫（Cochineal）；食虫行为（Entomophagy）；紫胶虫（Lac Insect）；医用蛆虫（Medicinal Maggots）；传粉昆虫（Pollinators）；种子传播（Seed Dispersal）；蚕桑产业（Sericulture）。

Endangered Insects
濒危昆虫

登上濒危物种保护海报的动物从来都不是昆虫，但这并不意味着没有濒临灭绝的昆虫。昆虫与脊椎动物一样，也面临着生境破坏和气候变化带来的巨大威胁。杀虫剂的使用是持续存在的老问题了；此外，外来入侵物种引起的生存竞争也越发令人担忧。

生存危机最严重的昆虫物种大都生活在空间有限、环境特殊的栖息地，比如洞穴、沼泽和其他湿地、孤立的沙丘系统、不断缩小的草原、持续变暖的高山地区和岛屿等。许多物种是这类地区特有的，在地球上其他地方都找不到，无法借助适应能力在其他地方生存。保护和保存这些局部生态系统，对确保生活在当地的昆虫和其他生物的安全至关重要。如果我们在这一点上失败了，那么在其他方面付出的所有努力也都会前功尽弃。

一直以来，人工繁育项目是拯救脊椎动物的一种策略，它的目标是将一部分人工繁育的物种后代放归野外。这种策略也适用于某些昆虫物种。在美国，人们对卡纳蓝蝴蝶（Karner Blue Butterfly）等几种蝴蝶，以及包括美洲埋葬甲和盐溪虎甲在内的几种甲虫进行了人工繁育，以供放归。在国际上，各国动物园也在为各种生存受威胁的动物制订物种生存计划。

虽然物种灭绝是一种自然现象，但由于人类活动的影

Salt Creek tiger beetle
Cicindela nevadica lincolniana

盐溪虎甲（学名 *Cicindela nevadica* lincolniana）

响，物种灭绝的速度几乎已经呈指数级增长。在全部已知昆虫物种中，只有不到 1% 的昆虫被评估并列入国家或国际上的濒危或受威胁物种名单。

另见词条： 昆虫启示录（Insect Apocalypse）；巨沙螽（Weta）；薛西斯协会（Xerces Society）。

Entomology
昆虫学

在英语中，研究昆虫的"昆虫学"常与研究词语的

"词源学"（etymology）混淆。在很大程度上，昆虫学诞生于人类与生俱来的好奇心；为了应对接踵而至的危机，昆虫学才得以发展和演化。

为物理世界赋予秩序和意义的行动，早在古希腊哲学家亚里士多德那时候就开始了，但直到文艺复兴时期，法国的勒内·安托万·费沙尔特·德·雷奥米尔（René Antoine Ferchault de Réaumur，1683—1757 年）才开始研究昆虫的解剖结构、功能、变态和昆虫生物学的其他方面。

19 世纪是一个探索和殖民的时代，殖民者取得并保存了所有标本。直到今天，我们几乎都没有为我们大肆囤积的藏品支付过任何赔偿。尽管如此，查尔斯·罗伯特·达尔文、阿尔弗雷德·华莱士以及其他人的探索之旅，也确实启发了人类对重要原理（比如自然选择）的认识。与此同时，工业革命推动农业生产规模急剧扩大，昆虫学的重点随之转向害虫防治。到了 20 世纪初，人们已开发出一些生物防治措施并将它们用于病虫害防治。

第二次世界大战迫使昆虫学家面对斑疹伤寒（一种由虱子传播的疾病）这样的紧急事件。通过开发、施用DDT（化学名为双对氯苯基三氯乙烷）等杀虫剂，人类取得了这场灭虫之战的胜利。战后，化学防治顺理成章地开始被应用于消灭农业害虫和城市害虫。然而，胜利是短暂的。昆虫对许多杀虫剂产生了耐药性，脊椎动物却深受其害。蕾切尔·卡森在她的名作《寂静的春天》中揭露了杀虫剂的缺陷；昆虫学家罗伯特·范·登·博施（Robert van den Bosch）也在其著作《杀虫剂阴谋》（*The Pesticide Conspiracy*）中将问题公之于众。这些被披露的事实在一定程度上推动了 1970 年美国国家环境保护局（EPA）的成立。

今天，投身昆虫学研究的学生拥有丰富的职业选择。法医昆虫学重新成为刑事科学的重要组成部分；医学和兽医昆虫学家在处理公共卫生问题；森林昆虫学家则不仅管控着本地昆虫和入侵害虫，还拓宽了我们对昆虫生态系统服务的理解。为应对昆虫数量和多样性减少所带来的挑战，昆虫保护工作也在不断扩展。

Entomophagy
食虫行为

食虫行为有着悠久的历史，在我们所处的现代，这种传统似乎正在经历某种程度的复兴。在西方文化中，人们认识到昆虫的营养价值，正在努力克服觉得它们"令人作呕"的心理。

　　毫无疑问，昆虫是蛋白质、脂肪、矿物质和维生素的绝佳来源。在非洲、亚洲、拉丁美洲和澳大利亚大陆的部分地区，许多昆虫都被当成食物。虽然食虫行为源自原住民传统，不过在一些地方，它已发展成商业活动。半翅目的大型水生昆虫田鳖（桂花蝉，学名 *Lethocerus indicus*）让人垂涎三尺且价格不菲，在泰国和老挝尤其受欢迎，雄性田鳖的腺体是当地一种辣酱的主要配料。其他广受欢迎的可食用昆虫还有巫蛴螬（witchetty grubs），这是澳大利亚一种木蠹蛾（学名 *Endoxyla leucomochla*）的巨型幼虫，以树木的根部为食；以及可乐豆木虫（mopane worms），这种毛虫是南非数量丰富的非洲帝王蛾的幼虫；紫棕象甲（学名 *Rhynchophorus phoenicis*，隐颏象属）的幼虫（即蛴螬）是安哥拉的传统美食，非洲热带地区、亚洲和拉丁美洲的人们也捕捉该属的其他昆虫。这些昆虫大多味道可口，因为它们吃植物，体内不含防御用的毒素。

　　不过，即使在习惯食用昆虫的文化中，昆虫蛋白质含量在人类饮食的动物蛋白质年摄入量中也仅占5%～10%。

Mopane worms (fried)
Gonimbrasia belina larva

油炸可乐豆木虫

西方文明至今还抱着这样的心态：吃昆虫是我们已经克服的一种行为，我们超越了只会狩猎采集的祖先，发展出了农业和畜牧业。因此，食虫目前仍只是勇敢者的游戏和真人秀节目里的新奇噱头。

Epomis spp. Ground Beetles

青步甲

伪装成猎物引诱猎手，然后将猎手吃掉，这是青步甲幼虫离奇的反向捕食策略。两栖动物，特别是青蛙和蟾蜍，是捕猎昆虫的主要脊椎动物；它们尤其偏爱柔软多汁、无须咀嚼的幼虫。令人难以置信的是，青步甲幼虫在存亡之战中竟能转败为胜。

青步甲是生活在欧洲、亚洲和非洲的一个步甲科的属，已知有 30 种，大多数原产于非洲。昆虫学家吉尔·维岑（Gil Wizen）生怕眼见为虚，被"虫吃蛙"的表象欺骗，于是在实验室和以色列实地研究了这些昆虫。结果发现，无论是成虫和幼虫，青步甲似乎都是专门以幼蛙和蟾蜍幼体为食的专性捕食者。青步甲将自己的变态过程调整到与两栖猎物的变态过程同步，因此其幼虫和"小青蛙""小蟾蜍"总是同时出现的。

青步甲幼虫常在暂时形成的池塘或降雨积成的水坑边等待，引诱跳来蹦去的蟾蜍或青蛙。幼虫交替摆动触角，并以同样的方式移动上颚。这番动作会刺激两栖动物靠近，试图用舌头粘走"可怜的"幼虫。这时，幼虫便以迅雷不及掩耳的速度躲开蟾蜍或青蛙的"口腔炮弹"，同时发动攻击，将大颚刺入蟾蜍或青蛙的嘴或喉咙。青步甲幼虫用双钩状的上颚牢牢钳住猎物后，立刻开始吸取猎物的体液，最终将猎物吸干吃净。

青步甲成虫靠近一只小青蛙或小蟾蜍后，只需用上颚钳住猎物的下巴，再用六足紧紧抓住猎物的身体，以免被甩下去，然后就可以开始大口吃喝，最终杀死并吃掉大部分猎物。青步甲是一种泛着金属光泽的美丽昆虫，但再漂亮的外表也无法掩盖它们恐怖的生活方式。

EPT

"EPT"是三类水生昆虫的首字母缩写，环境研究人员和环境顾问使用 EPT 类群来检测水质，特别是河水和溪流的水质。

"E"代表蜉蝣目（Ephemeroptera），包括蜉蝣等昆虫。蜉蝣以其成虫短暂的生命而闻名，其若虫也叫稚虫，生活在水中，需要好几年的时间才能长为成虫。大多数蜉蝣都是以河床上的细粒为食的"直接收集者"，或是以河底石头表面的藻类为食的"刮食者"。有一些比较活跃，四处游动；另一些则紧紧抓住水底的物体，寸步不离。成虫从稚虫的最后一个阶段发育而来。

"P"指的是襀翅目（Plecoptera），也就是石蝇。石蝇稚虫是将大片植物撕碎吞下肚的"撕食者"，不过它们也会捕食其他水生无脊椎动物。襀翅目的大部分昆虫都攀附在石头表面。其中体形最大的物种——鲑蝇（Salmonflies）的成虫对垂钓者来说再熟悉不过了。[1]石蝇成虫也是由稚虫的最后阶段长成。

"T"代表的是毛翅目（Trichoptera），成虫俗称石蛾。石蛾是完全变态昆虫，其幼虫（称为"石蚕"）的生活方式多种多样。有些幼虫会吐丝结网或织成小袋子，它们既是"滤食者"，迅速过滤水流来食用水中分解的微小有机物颗粒；也是捕食者，会捕捉小型的水生无脊椎动物。很多石蛾物种的幼虫会利用特定类型的植物或植物碎片、卵石或沙粒筑成巢壳，将自己包裹起来。这些"盖房能手"可以刮食藻类、收集碎屑食物，甚至还能捕食其他生物。

1　襀翅目昆虫是一些鱼类的食料，北美洲的某些鲑鱼会吃大襀科（Pteronarcyidce）昆虫，因此在英语中，后者也被称为"salmonfly"，国内多译为"鲑蝇"。

有些取食行为发生在河床或湖底，有些则发生在水生植物或岩石碎片上。这类昆虫成虫形态与蛾类相似。

与其他大型的无脊椎动物相比，蜉蝣目、襀翅目和毛翅目这三个类群对污染物更加敏感，识别起来也相对容易。除了对化学物质很敏感外，它们对水体的酸度、浊度和水温的耐受性也比较有限。EPT 指数提供了水体中物种丰富度的衡量标准，从而反映了所采集样本水生环境的整体健康状况。样本的生物多样性越低，污染物产生有害影响的可能性就越大。

另见词条： 生态系统服务（Ecosystem Services）；蜕皮（Exuviae）。

Exploding Ants

爆炸蚂蚁

在昆虫世界里，竟然也有自杀式炸弹袭击者。生长于东南亚的平头蚁属（*Colobopsis*，主要包括 *C. cylindrica*、*C. saundersi*、*C. explodens*、*C. badia*、*C. corallina*，可能还有其他种）木工蚁——桑氏平头蚁复合种（*C. saundersi complex*）¹就是一种会"自爆"的昆虫。

"自爆"的意思就是说，桑氏平头蚁在与其他蚂蚁（特别是织工蚁）一对一对抗和争斗时会自杀。桑氏平头蚁腹部肌肉大力收缩，迫使下颌腺体排出黏稠和具有腐蚀性的化合物，其肌肉收缩之剧烈会导致体壁崩裂。它们还会撕裂下颌腺，从头部前方朝着各个方向喷射黏液。这种呈白色、奶油色或黄色的物质散发出芳香，气味让人想起辛辣的咖喱。这种黏液就像一种"混合鸡尾酒"，充满了酚类和萜类化合物。

当然，这种同归于尽式的防御是最后时刻才会动用的终极手段。平头蚁，俗称"看门蚁"（janitor ants），主要在中空的树枝和茎干里筑巢。大工蚁的头部呈方块状，面部扁平，刚好可以堵住巢穴小小的圆形出入孔。蚁群成员回巢时，要用触角在看门的工蚁面部敲打，就像在门禁面板上输入正确的密码一样，密码正确才能开门。

"自爆"一词由乌尔里希·马施维茨和埃莱奥诺雷·马施维茨（Ulrich and Eleonore Maschwitz）在1974

---

1 Complex，指复合种，是许多亲缘关系相近物种的集合。因为难以对部分特征模糊或特征重叠的个体进行有效鉴别，所以难以靠形态差异确定种间界限，一般要依靠分子技术。——编者注

年的出版物中首次提出。这种类似敢死队的现象并不仅见于蚂蚁。在法属圭亚那发现的乱新扭白蚁（学名 *Neocapritermes taracua*），一生都在体内大量贮存含铜蛋白质。在蚁群遇到袭击时，年长的工蚁会主动充当活体炸弹。它们自爆时，唇部腺体分泌的唾液与蛋白质晶体发生反应，产生一种可致其他白蚁死亡的毒素。蚁亚科还有其他 6 个属的白蚁会自爆来堵住巢穴中的通道，阻截敌人（通常是掠夺蚁）的进一步入侵。

Exuviae

蜕 皮

昆虫蜕皮时，蜕下来的废弃外骨骼称为"蜕"。这些幽灵般诡异的壳体常常令昆虫学家以外的人们感到困惑。

两种情况让"蜕"的神秘性有增无减。第一，它们经常在某一局部地区大量出现；第二，"蜕"所勾勒出的未成熟昆虫形态，与成虫几乎毫无相似之处。这种相似性的缺乏，在以若虫形态生活在土壤里的昆虫中，或以稚虫形态生活在水里的昆虫中尤其明显。直到长成有翅的成虫，这些昆虫才会出现在人们的视线之内。蜕皮行为通常发生在夜间，因此我们很少能将成虫和未成熟的幼虫联系起来。

像蜻蜓、石蝇和蜉蝣这样的水生昆虫会将"蜕"附着在石头或水生植物上。昆虫学家通常可以根据这些残存的空壳推断出昆虫的物种，甚至性别。蜉蝣离开水后会蜕皮两次。第一次蜕皮后，它们会成为亚成虫，垂钓者常说的"dun"，指的就是这种蜉蝣亚成虫饵或仿其所制的鱼饵。亚成虫再次蜕皮，才能长成翅发育完全的成虫，也就是用假蝇钓鱼的人们所说的"spinner"（蜉蝣成虫毛钩）。

刚刚蜕皮完的成虫叫作"预成虫"。一般来说，这意味着这只成虫仍然非常柔软，体表的色彩还没有充分显现。这一术语在用于蜻蜓和豆娘时，用法有所不同；刚刚羽化为成虫的蜻蜓和豆娘，即使表皮已经变硬且具备飞行能力，其颜色也不同于成熟的成虫。

仔细观察"蜕"，可以看到中空的壳

Exuvia of a dragonfly

一只蜻蜓的"蜕"

体中有细长的白色丝状物伸出来。这些是昆虫主要气管的残余物，表明形成这些呼吸通道的角质发生了内陷。

鸟类等目光敏锐的捕食者会注意到树叶受损和昆虫排泄废物等线索，所以大多数毛虫在蜕皮后会吃掉"蜕"来隐藏自己的存在。还有些昆虫会将蜕下的"皮肤"扯掉，让它们掉落在地上或被风吹走，从而消除可能暴露自己停留在同一株植物上的任何蛛丝马迹。

另见词条：变态（Metamorphosis）。

Fabre, Jean-Henri (1823—1915)

让 - 亨利·法布尔

法国人让 - 亨利·法布尔被誉为"昆虫学之父",但他最为人所铭记、最受推崇之处,还是他对昆虫生活史的精彩讲述,以及这些故事对非科学家读者的吸引力。

从许多方面来看,法布尔都是一位典型的昆虫学家:他独来独往,具备旺盛的好奇心、敏锐而富有耐心的观察技巧,以及创新的思维过程。他一生潦倒,职业道路从来都不是一帆风顺。对学术、社会和政治生活里种种繁文缛节的蔑视支配了他,也限制了他通过"正常"途径脱颖而出的能力,以至于他所取得的最大突破是出于他与当时拿破仑三世治下的公共教育部长维克多·杜卢伊(Victor Duruy)的交情。1870 年,杜卢伊邀请时年 47 岁的法布尔在阿维尼翁举办了一系列讲座,听众中有相当一部分是女中学生。有机会接触到年轻而容易被影响的头脑,改变了法布尔的职业方向,促使他公开倡导向年轻女性讲授科学。

法布尔经久不衰的作品是他留给后世的宝贵遗产,尤其是他的《昆虫记》(*Souvenirs entomologiques*)。《昆虫记》包括有关昆虫和植物的散文与诗歌,以及探讨本能和遗传的主题文章，甚至有些内容已转向了伦理学和人类学理论。在全套书里，广受欢迎的是详细描述萤火虫、壁蜂、苍蝇、狩猎蜂和其他节肢动物生活的内容。

你或许会以为法布尔经常旅行，远涉千山万水；其实，他的成年生活都是在法国南部的阿维尼翁、卡庞特拉和奥朗日周边半径 30 千米的范围内度过的。法布尔的一生证明了地域感的力量，以及他对富有激情的观察和终身学习的献身精神。如果你想通过他的眼睛来看世界，可以观赏向他致敬的纪录片《微观世界》（1996 年）。

另见词条：松毛虫（Pine Processionary Caterpillars）。

Fairyflies

缨小蜂

你会相信某些蜂类竟然是世界上最小的昆虫吗？缨小蜂科昆虫就像仅仅保留了最基本构件的 DNA 载体。据说，体形最小的缨小蜂甚至能穿过针眼。

缨小蜂寄生在其他昆虫的卵中。也就是说，它们是最

缨小蜂

终会杀死寄主的寄生蜂。在胚胎发育之前，它们就已迅速
找到寄主，并将卵产在寄主的卵中。这通常会导致寄主的卵
不再发育。缨小蜂幼虫显然缺少昆虫的典型呼吸系统——
气管系统，它们完全在寄主卵内通过变态过程来生长。

　　缨小蜂看上去弱不禁风，实际上非常顽强。一些缨小
蜂的翅膀大大缩短（称为"短翅的"），还有一些甚至完全
没有翅膀（称为"无翅的"）。有些缨小蜂属于水生动物，
可用桨状的翅膀划过水面。它们寄生在龙虱等水生昆虫的
卵中，因此必须潜入水中才能找到寄主。它们可以在不离
开水的情况下交配和寻找寄主，但也可以顺着挺水植物爬
上去，破坏水面生物膜，飞往另一个池塘。

　　在陆地上，缨小蜂通常会选择位置隐蔽的虫卵作为其

寄主，避免与其他卵寄生蜂——主要是赤眼蜂科昆虫——发生竞争。因此，缨小蜂会寻找包裹在植物组织中的寄主虫卵，比如藏在花苞片中、芽鳞之间，或者土壤里的虫卵。

在我们与害虫的战争中，这种小小的寄生蜂是我们最得力的盟友之一。澳洲长缘缨小蜂（学名 *Anaphes nitens*），已被用于防治南非、南美、欧洲以及新西兰的观赏桉树上的害虫桉象（学名 *Gonipterus scutellatus*）。缨翅缨小蜂属（*Anagrus*）的多种缨小蜂则已经成为针对害虫叶蝉的生物防治手段，或正在就此项用途接受积极评估。

另见词条： 生物防治（Biocontrol）；有害生物综合治理（Integrated Pest Management）。

Fig Wasps
榕小蜂

无花果树（榕属）并不会结出真正意义上的果实，被我们称为"无花果"的果实其实是这种植物的隐头花序。作为关键种，无花果树是许多食物网的中心，而它的授粉则仰赖与某些蜂类的互利共生关系。

无花果树的花位于隐头花序内部，只有榕小蜂科（Agaonidae）的雌蜂才能通过位于无花果顶端的一个小孔（ostiole）钻进去。哪怕对平均长度不足 2 毫米的榕小蜂来说，这个通道也十分狭窄、拥挤。一旦进入花朵内部，雌蜂就会在每朵花的子房里产下一枚卵。由于花柱长短不一，所以有时雌蜂无法到达子房。尽管如此，在雌蜂尝试的过程中，它依然能实现授粉。幼虫从卵中孵化出来，在花部发育出的虫瘿内进食、生长。根据无花果树种类的不同，幼虫需要 3 周到 20 周的时间完成变态过程，长成成虫。

雌性榕小蜂就是胡蜂的模样，但雄性榕小蜂成虫的外形与捕食性甲虫的幼虫更为相似。一些雄蜂个体长有强有力的下颚，它们用下颚与其他雄蜂打斗，争夺与雌蜂交配的权利。交配后，雄蜂会在无花果壁上钻一条通道，让雌蜂逃出来。雌蜂离开之前，会从雄花上收集花粉，或者在钻出花朵的途中被动地沾上花粉。然后，雌蜂顺着香气，再找到下一株无花果树。

上述过程中，会出现各种例外情况。大约一半的无花果树是雌雄异株的。榕小蜂在雄性无花果树上可以顺利地完成它们的生命周期，因为它们在雄性无花果树的花序能成功产卵。对雌蜂来说，雌性无花果树的外观和气味与雄性无花果树别无二致，但雌花内部不满足产卵的条件。落入这种陷阱的雌蜂能够成功地帮助无花果树传粉，但自己却无法繁殖后代。

另见词条: 生态系统服务（Ecosystem Services）; 传粉昆虫（Pollinators）。

Fire Bugs
火 虫

喜欢高温的"趋火"昆虫数量之多令人震惊，在发生森林火灾和其他阴燃情况时，它们常会蜂拥而至。目前所知，至少涵盖25科的甲虫、蝇类、某些飞蛾和半翅目昆虫会被火焰吸引。

甲虫已经发展出极其复杂的感知系统来锁定起火的位置。其中，吉丁科的黑火甲虫（black fire beetle，即迹地吉丁，学名 *Melanophila acuminata*）是目前研究成果最多的。迹地吉丁的胸部下方有两个类似颊窝的器官。每个颊窝有50~100个感器，每个感器都能检测到温度在435~1150℃范围内的红外线辐射，这正是森林火灾的燃烧温度。更令人惊讶的是，感器中的单个树突还能将吸收的辐射转化为机械刺激感受器可接收的微弱机械刺激，可以说，迹地吉丁基本上是以振动的形式感受到辐射强度的。

同时，迹地吉丁的触角还可以探测到山火烟雾中的挥发性化学物质。这就好像一种远距离的火灾探测系统，它们的热觉感受器可以探测到1~5公里以外的热源，着实令人印象深刻。由于迹地吉丁通常会攻击刚刚被烧死或严重烧伤的树木，所以对它们来说，与时间赛跑，在树木烧尽之前赶到就显得尤为重要。迹地吉丁的幼虫也叫扁头穿孔虫，通常在树皮下穿行或直接在木头里钻来钻去。

在澳大利亚发现的澳洲火吉丁（学名 *Merimna atrata*）腹部下侧有两对红外线感受器，但它们无法探测到远距离的热辐射。不过，这些受体能探测出通过其他方式难以察觉的"热点"，从而让这种甲虫在着陆时避免足部被烧焦。

一些扁蝽属（*Aradus*）昆虫可以通过与迹地吉丁相似

的红外线感受器来探测森林火灾，这些感受器分布在其胸部前方下侧。这些昆虫以烧焦的树木上长出的真菌为食。

Flea Circus
跳蚤马戏团

　　将人类最害怕的害虫之一——跳蚤当成娱乐消遣的对象，听起来是一件不可思议的事吧？但这的的确确发生了。能通过如此荒谬的事情来取悦自己，倒也充分证明了我们人类确实很有生意头脑。

　　跳蚤马戏团究竟是如何兴起的，人们至今还没搞清楚，但根据英国作家托马斯·穆菲特（Thomas Muffet）的二手资料，它们可能早在 16 世纪就在欧洲存在了。19 世纪 30 年代，贝尔托洛托先生的"勤劳跳蚤的新奇展"将跳蚤马戏团推到了聚光灯下，跳蚤马戏团迎来了鼎盛时期。"训练有素"的跳蚤驾驶着小巧精致的微缩战车、马车甚至战舰模型，再配以贝尔托洛托舌灿莲花的推销技巧，精彩的舞台效果让观众趋之若鹜——更何况入场门票只卖当时的 1 先令。

人蚤（学名 *Pulex irritans*）是马戏团的首选演员，这可能是因为它们很容易养活：捕捉者的血液就够它们吃了。贝尔托洛托喜欢宣扬他的"小伙伴们"都是靠"超凡脱俗的淑女"饲养的。事实上，人蚤的确会被女性吸引，出于某些未知的原理，它们能够感知到卵巢激素。

随着卫生条件的改善，跳蚤越来越少，跳蚤马戏团也越来越难得一见。它们虽然流传到了今天，但已经不太常见了。20 世纪 80 年代末，由汉斯·马瑟斯（Hans Mathes）经营的慕尼黑跳蚤马戏团仍活跃在德国。据说，他的跳蚤会跳舞、玩杂耍、拉车，还会转动摩天轮。

正如人们所预见的，假跳蚤马戏团的出现与"真正的"昆虫表演形成了竞争，甚至有取而代之的趋势。这些

跳蚤"演员"

"人造跳蚤"的把戏充分利用了一种现实条件：观众一开始很难看到小小的跳蚤。不知道有没有年少的跳蚤离家出走，跑去加入跳蚤马戏团。

Florissant Fossil Beds
弗洛里森特化石层

　　说到昆虫化石，琥珀可算出尽了风头。其实，在最壮观的古昆虫学实例中，昆虫化石有相当一部分来自石头。位于科罗拉多州弗洛里森特的弗洛里森特化石层国家纪念地公园就是发现昆虫化石量最多的地方之一。

　　这座纪念地公园建于 1969 年，但它代表了一个更古老的时代，也就是大约 3400 万年前被保存在页岩中的一个时期。弗洛里森特地层覆盖了新生代早古近纪始新世的一部分。公园以古老的弗洛里森特湖命名，该湖如今已经消亡，化石带的大小是原本水体的三分之一。当时，火山泥石流堵塞了溪流，沉积物在湖底堆积，由此形成了湖泊。之后，周围火山爆发，火山灰和浮石倾泻而下，更多的泥石流冲进湖里，也带来了更多的沉积物。火山灰导致湖中的硅藻大量繁殖，结果便形成了很多层（包括硅藻在内）薄层物质，它们将植物、昆虫和其他有机体困在其中。

在各种令人大开眼界的化石中，有一种是渐新舌蝇（学名 *Glossina oligocena*）化石。从该化石可以看出，当时的舌蝇比其现代后代体形更大，这种昆虫今天仅在非洲能够见到。渐新舌蝇只是弗洛里森特湖发现的约 1500 种昆虫和蜘蛛当中的一种。所有这些标本要么是压型化石，要么是印痕化石，要么是两者的组合。压型化石保存的是真正的昆虫，具有矿化的外骨骼。印痕化石则更像是动物留下的"脚印"：有机体早已消失，但它的痕迹留存了下来。

禁止在纪念地公园内收集化石是可以理解的，但有一家私人家族企业获准挖掘。他们向博物馆和美国国家公园管理局提供过许多化石。

另见词条：琥珀（Amber）；舌蝇（Tsetse Flies）。

Fluorescence

荧　光

可不要与通过生物发光来进行自体发光的昆虫和其他节肢动物搞混了，荧光指的是某些生物体在暴露于紫外线时发光的现象。许多科学家利用这一现象来定位和采集生物标本。当短波长（高能量）的光被吸收，然后作为长波长（低能量）的光再传播时，就会产生荧光。

出现荧光这一现象的节肢动物中，最著名的就是蝎子。人们已经确定，蝎子外骨骼的最外层，即蜡质层，是产生荧光的地方。[1] 在蝎子甲壳所含的化合物中，有一种是香豆素。这种化学物质也存在于植物中，有助于防止柔嫩的幼苗被晒伤。所以，栖息在干旱地区的蝎子需要"防晒霜"也是合情合理的，尽管它们大多在夜间活动。在昆虫界，情况则更为复杂。

早在 1924 年，人们就在蝴蝶体内发现了荧光色素；到了 20 世纪 50 年代，关于这方面的科学论文也已发表。自 2001 年以来，人们再次对荧光产生兴趣，但它仍然是

1　后来也有研究称，产生荧光的是外骨骼中间的透明质层。

一个备受忽视的研究领域。到今天为止，荧光也在甲虫、蚂蚁、多种蝴蝶、至少一种蝗虫和一种蜻蜓中被发现。这很可能只是冰山一角，更何况我们目前只知道少数与荧光有关的化合物。

并非所有昆虫体内的荧光色素都是均匀分布的；昆虫出现荧光也存在性别差异，比如某种昆虫的雄虫可出现荧光，雌虫却不行；或另一种昆虫的雌虫可以，雄虫则不行。更复杂的是，紫外线反射与荧光又有区别。例如，豆粉蝶属（*Colias*）的白蝴蝶就以利用紫外线反射差异作为识别配偶的信号而著称。

另见词条：生物发光（Bioluminescence）。

Frass

虫 粪

昆虫，尤其是处于未成熟阶段的昆虫，会消耗大量食物，因此也会排泄巨量废物。昆虫的固体粪便叫作"虫粪"，这个术语通常被用来描述甲虫幼虫和白蚁等蛀木昆虫的纤维状或粉末状排泄物。有时，"虫粪"一词的使用范围会扩大，将昆虫丢弃的物质也包括在内，而不考虑该物质是否经过昆虫的消化道。

具有讽刺意味的是，在德语中，"frass"是"动物饲料"的意思，所以将它作为描述动物粪便的术语来用就显得很不恰当。尽管如此，至少从19世纪中期开始，"frass"在英语中就表示"昆虫粪便"了。

昆虫的排泄物不能带走太多昆虫体内的水分，但又必须含有一定水分，从而对固体废物经过的通道起到润滑作用。在吸收废料水分方面，直肠是非常高效的；排泄物通过直肠后几乎没有水分流失，因此被昆虫排出体外后很快就会干燥。在昆虫无法远离其排泄物的情况下，比如在蛀木幼虫生活的洞穴通道里，这一点尤为重要，因为潮湿的粪便会滋生细菌、真菌，以及其他可能导致活虫感染的有机体。

并不是所有的废物都百无一用。有些毛虫，比如八角鞘蛾（学名 *Coleophora octagonella*）的毛虫在建造其可移动的"住所"时就使用了自己干燥的粪便。叶甲则展示了最富创意的虫粪回收再利用案例：很多金龟子的幼虫将排泄物做成了具有保护功能的附属物；负粪甲虫会在柔软的身体外包裹一层坚硬的粪便壳；龟甲及其亲缘种则将粪便堆在尾状的刺毛上，造出伞状结构来遮挡太阳辐射，同时利用这种造型伪装来抵挡敌人的伤害，主动威慑捕食者。

瘤叶甲成虫则采取了不同的策略：它们近乎完美地模仿了毛虫粪便的外观，甚至能在被潜在对手发现时假死[1]。

---

[1]　它们假死时一动不动，看上去更像一坨粪便，从而躲避攻击。

Galls

瘿

植物上一些奇怪的肿块、诡异的"果实"和其他异常现象被称为"瘿",是其他有机体（包括昆虫、螨虫、真菌和细菌等）在植物体上引发的生长现象。在英语中,用于描述植物虫瘿的专业术语是"cecidium",它指的是一种无害的物质,几乎不会对寄主的健康造成损害。

瘿蜂科的瘿蜂是最常见、物种最丰富的致瘿昆虫之一。瘿蚊科的瘿蚊也制造了大量虫瘿,不过它们看上去大多不太显眼。在蝇类的几个科、蛾类、蚜虫及其亲缘种、甲虫、叶蜂和蓟马中,也有很多昆虫会制造虫瘿。

虫瘿的形成方式因致瘿昆虫而异,但都以生长中的植物组织为目标。就瘿蜂而言,其幼虫最初的取食活动会刺激虫瘿的生长。而在一些叶蜂科的叶蜂中,雌性成虫在产卵时会释放化学物质,这些物质开启了虫瘿的生长过程。每只致瘿昆虫制造的瘿都是独一无二的,然而,这些虫瘿为什么产生,又是如何产生的,还是未解之谜。

虫瘿由未分化的薄壁组织构成,但在某些情况下,一些薄壁细胞也会发生特化。与周围组织相比,虫瘿富含氨基酸、矿物质和其他营养物质。很多虫瘿的密度较大，就像坚果壳，有的长满了刺，有的有其他类型的构造，都是为了保护其脆弱的使用者。虫瘿是致瘿昆虫的食物和居所。

虫瘿本身就是一个生态系统。致瘿昆虫在未成熟时会受到寄生蜂的威胁；也可能被甲虫、鸟类、老鼠和其他捕食者吃掉；也许还要与不速之客分享虫瘿，这些不速之客就是同样以虫瘿为食的"寄食昆虫"[1]。

人类利用虫瘿已经有几个世纪的历史了。富含鞣酸的栎瘿（oak galls）自公元 5 世纪以来就被用作墨水的主要成分。[2]

G

另见词条： 阿尔弗雷德·C. 金赛 [Kinsey, Alfred C.（1894—1956）]。

---

1 寄食昆虫是终生都生活在其寄主昆虫巢穴内并以后者的食物为食的昆虫。
2 栎瘿，也叫栎五倍子，是栎属植物上常见的一种瘿，大而圆，呈苹果状。栎瘿富含鞣酸，与铁盐结合可得到黑蓝色的墨水，因此被广泛用于制作墨水和颜料。

负子蝽科昆虫

如果这世上有昆虫鉴定热线电话，那么最常被问到的昆虫里肯定有负子蝽科昆虫。它们声名狼藉，还有"咬脚趾虫"和"电灯虫"这样的别名。大多数人都只在远离水的地方见过它们，这可能是人们没有把它们的别名"Giant Water Bugs"（意为"大型水虫"）与它们联系起来的原因。事实上，虽然负子蝽科昆虫成虫飞行能力很强，但晚上在靠近灯光的陆地上它们会搁浅。

负子蝽科昆虫是捕食者，它们会一动不动地趴在水生植物上，埋伏猎物。它们用强壮且适于捕食的前足捕捉其他动物，然后用短而粗壮的喙猛地咬住猎物，致其瘫痪。它们注入猎物体内的化学混合物中含有强效的酶，当即就会开始消化猎物体内的组织。然后，它们就可以享用一顿流质大餐了。负子蝽科昆虫凶猛可怕，小鱼、蝌蚪、青蛙、蝾螈、火蜥蜴甚至蛇都是它们的美餐。负子蝽科田鳖属（*Lethocerus*）的一些物种体长甚至超过 12 厘米。

不过，负子蝽科昆虫并非一无是处。大负子蝽属（*Belostoma*）、美洲负子蝽属（*Abedus*）、拟负蝽

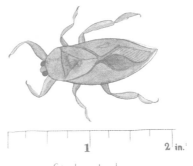

Giant water bug
Lethocerus americanus

美洲负子蝽（学名 *Lethocerus americanus*）

属（*Appasus*）、负子蝽属（*Diplonychus*）、水宰蝽属（*Hydrocyrius*）、泽负子蝽属（*Limnogeton*）和韦伯负子蝽属（*Weberiella*）的雄性成虫会将雌虫产的卵背在背上，它们不仅天生就会保护虫卵，还会定期让"小宝宝们"晒太阳和透气。这种由雄性孵卵的行为在昆虫界极为罕见。雌虫在水线以上的挺水植物和其他物体上产卵，雄虫就将卵背在背上孵化。雄虫会给未出世的虫宝宝保湿、遮阴，当然也会保护它们免遭捕食者的攻击。雄虫可以同时孵化不止一批卵，这些卵可能来自好几只雌虫。

---

1 in. 即 inch（英寸）的缩写，1 英寸等于 2.54 厘米，全书同。——编者注

就像鲨鱼一样，负子蝽科昆虫害怕人类远胜于人类恐惧它们。在东南亚部分地区，这些昆虫是一种美食。大规模的捕捉已经威胁到狄氏大田鳖（学名 *Kirkaldyia deyrolli*）在韩国和日本的生存。

另见词条： 食虫行为（Entomophagy）。

Grylloblattids (rock crawlers)
蛩蠊（攀岩者）

保暖是昆虫面临的一项重大挑战。只有身体足够温暖，它们才能保持活跃。俗称"攀岩者"或"攀冰者"的蛩蠊目昆虫则面临着截然相反的问题。适宜它们生存的温度范围很狭窄，温度高于或低于这个范围，蛩蠊就会死亡。据说，人类手部的温度就足以杀死它们。

人们认为，蛩蠊在其整个演化历史中从未形成过丰富的物种。化石证据显示，蛩蠊的前身长有能飞的翅；到了白垩纪或第三纪早期，它们失去了翅膀。物理特征比对和分子 DNA 分析也得出了不同的结果，就蛩蠊与蝗虫、蟋

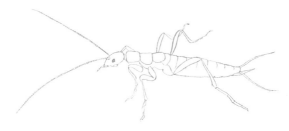

Grylloblattid

Grylloblatta sp.

蛩蠊属（*Grylloblatta* sp.）

蟑乃至蝼蛄的关系勾勒出相互矛盾的图景。现今存在的蛩蠊发现于 1913 年，现在已知的蛩蠊仅有 32 种。

蛩蠊是杂食动物，以雪地上的昆虫尸体或垂死的昆虫为食，适宜其生存的温度为 1 ~ 4℃。它们有可能是夜间活动的，生活在雪原和冰川边缘的石头、落叶和岩石之下。在亚洲一些洞穴中生活着眼盲的蛩蠊物种，在北美西部干旱环境中的熔岩隧道[1]里也存在其他蛩蠊物种。

1980 年 5 月华盛顿州圣海伦斯火山大爆发仅仅 4 年

1　熔岩隧道，也叫地下熔岩洞，火山喷发后，熔岩表面冷却较快，形成一层硬壳，内部高温熔岩在硬壳保温作用下仍然保持高速流动，就形成了这样的隧道。——编者注

后，圣海伦斯山蛩蠊（学名 *Grylloblatta chirurgica*）已经再次占领喷发区。蛩蠊的生活方式让它们得以享有很长的寿命。一般的蛩蠊需要六七年才长为成虫，而实验室里培养的蛩蠊样本寿命可达 10 年。

气候变暖威胁着蛩蠊的大部分栖息地，它们能够在这种气候环境中生存下来吗？人类在低海拔地区的入侵也可能导致少数生活在多石的溪流和森林地区的蛩蠊灭绝。

Gynandromorph
雌雄嵌合体

或许，在人们终于承认和尊重人类"非二元性别"的这个时代，我们才更容易记住，在自然界中，雄性和雌性生物也并不总是雌雄分明，而是以各种各样的方式存在的。其中最引人注目的例子之一，就是雌雄嵌合体，即同时具有雄性和雌性特征的个体。

因为昆虫世界中往往存在极端的性别二态性[1]，所以雌

---

1 性别二态性，也叫雌雄两态，指的是雄性和雌性在外形上存在明显差异。

雄嵌合体堪称令人赞叹的珍奇样本。雌雄嵌合体既可以在生物的身体两侧呈现出来，即身体一侧为雌性，另一侧为雄性；又可以像"马赛克"一样镶嵌起来，比如雌性身体部位显示出雄性特征，或雌性特征出现在雄性的身体上。雌雄嵌合现象在蝴蝶中表现得最明显也最极端，人们在其他多种甲壳动物、节肢动物以及鸟类中也都曾观察到这种现象。

造成雌雄嵌合体的机制复杂多样。最常见的原因与胚胎中细胞分裂的异常有关，即过多或过少的雄性染色体或雌性染色体出现在不同的细胞中。有时，一颗虫卵可能有两个卵核而不是一个，如果它们本来就是不同性别且都已受精，那么最终可能会产生雌雄嵌合体。其他因素，比如杂交、细菌或病毒感染、突变，甚至卵发育过程中的温度变化，偶尔也能诱发雌雄嵌合体。

雌雄嵌合体几乎没有繁殖能力，但它们提醒着我们，保持遗传多样性是自然界中压倒一切的要务。雌雄嵌合体不该被当成"失败"，而应当被视为这种多样性，以及造就这种多样性的细胞过程最壮观的展现。

吉卜赛飞蛾（即今舞毒蛾）

说起"意外效应法则"[1]的典型，就要说到舞毒蛾了。这种原产于欧亚大陆的昆虫于 1869 年由法国人埃蒂安·利奥波德·特鲁夫洛（Étienne Léopold Trouvelot）[2]引入美国马萨诸塞州的梅德福。特鲁夫洛希望在当地发展蚕桑产业，并且真的以为舞毒蛾是具有价值的备选昆虫——要是他征求过其他人的意见就好了。

舞毒蛾（学名 *Lymantria dispar*）一开始的名字叫吉卜赛飞蛾，是英国人本杰明·威尔克斯（Benjamin Wilkes）在 1742 年取的。唉，特鲁夫洛从这个名字中也早该看出来，这种飞蛾的扩散能力是何等强大。[3]他饲养的飞蛾很快就逃脱了控制，泛滥成灾。到了 1889 年，整个马萨诸塞州都面临着树叶被飞蛾吃光的危险。吉卜赛飞蛾造成的

1　意外效应法则，指的是某一事物的产生会对其他看似无关的领域产生出乎意料的深刻影响和作用。

2　埃蒂安·利奥波德·特鲁夫洛（1827—1895 年），法国艺术家、天文学家和业余昆虫学家，毕生创作了约 7000 张精细的天文插画，月球和火星上的一些环形山以他的名字命名。他将外来物种舞毒蛾引入北美，虫害导致美国东部的树木严重被毁。

3　"吉卜赛人"是英国人对罗姆人的蔑称。罗姆人的生活方式不同于其他民族，他们偏向自由、没有固定居所的生活方式，是偏好"流浪"的民族。

破坏之严重，直接迫使 1890 年该州立法机构通过了一项灭虫运动法案，并为此拨款 25 000 美元。

为了停止对欧洲罗姆人的羞辱，"吉卜赛飞蛾"这个名字已于 2021 年被取缔，更名为"舞毒蛾"，即其学名的缩写。如今，它们在美国东部大部分地区和邻近的加拿大地区依然十分常见。这个物种的扩散方式可能与你想象的有些不同。雌蛾成虫有翅，但不能飞。它们释放信息素来吸引异性，雄蛾则飞过很远的距离来接近它们。一旦完成交配，雌蛾会产下一个卵块，并将自己身体上的鳞毛覆盖在卵块上。孵化出来的小毛虫从口器的腺体中吐出长长的丝，风吹动垂下来的细丝，毛虫就这样被带向四面八方。

有时，人类不经意间充当了舞毒蛾的司机，为舞毒蛾的旅行带来便利：卵块可以黏附在轿车、房车和货运车的车轮上，被带到各种地方。不过，这只是它们具有广泛危害性的生物习性之一。另一个有广泛危害性的习性是，虽然许多昆虫严格限制饮食，只食用少数几种植物，但舞毒蛾的"菜单"上可有 300 多道菜。

另见词条：查尔斯·瓦伦丁·赖利 [Riley，Charles Valentine（1843—1895）]；蚕桑产业（Sericulture）。

Hair-Pencils

毛笔器

信息素并不总是雌性动物向雄性动物传递性接受性[1]信号的特有产物，许多雄性昆虫也使用信息素来传达它们适合"婚配"的信号。飞蛾和一些蝴蝶物种会伸出腺体和毛束来释放挥发性化合物，散发信息素。

2017年，一段极其罕见的昆虫视频在社交媒体上火爆一时。视频中，一只原产于东南亚和澳大利亚的雄性灯蛾——黑条灰灯蛾（学名 *Creatonotos gangis*）从屁股里伸出了几条活动的东西，看起来就像长着绒毛的章鱼触手。这种腺体叫作"coremata"（意为"发香器"或"信息素囊"，是一个希腊语词），大致可翻译为"羽毛掸子"，也有人叫它"毛笔器"。就大多数此类器官而言，这算是恰当的描述了。

昆虫尾部附属物散发出的气味，来自它在幼虫阶段（有时也有成虫阶段）摄入的植物化学物质。斑蝶亚科的某些雄蝶会造访天芥菜属（*Heliotropium*）、紫丹属

---

1 性接受性，指的是雌性在卵子成熟、性激素水平上升时，顺从和要求雄性交配的行为。

（*Tournefortia*）、猪屎豆属（*Crotalaria*）等植物的枯叶，从中吸收吡咯里西啶生物碱（PAs），这是一种可以保护昆虫的强效化合物。蝴蝶利用吡咯里西啶生物碱来合成二氢吡咯里嗪酮，并在毛笔器中使用。在雄性成虫的潜在配偶看来，气味越强，雄性在交配过程中能传递的吡咯里西啶生物碱就越多。

而我们长着毛绒"触手"的朋友黑条灰灯蛾，仅能在幼虫阶段固定植物化合物。一只雄性毛虫能否蜕变成视频中那样雄性特征"天赋异禀"的成虫取决于所摄入化学物质的含量。不过，它可以通过与其他雄性合作而受益：这

← hair pencils

Tiger moth
Creatonotus gangis

黑条灰灯蛾的毛笔器

些灯蛾倾向于群聚在一起，向雌蛾展示自己。

在斑蝶亚科中，雄性散发信息素的"装备"在它浓密闪光的鳞片（香鳞）中，当它悬停在未来配偶的身上时，香鳞会在这个过程中接触到雌性的触角和面部。

另见词条：信息素（Pheromones）。

Hellgrammites
爬沙虫

对昆虫学家以外的人们来说，很少有昆虫像爬沙虫这样让他们伤脑筋。人们很少将这种水生幼虫与其陆生成虫联系起来，也几乎看不出雄性成虫和雌性成虫其实属于同一物种。虽然爬沙虫的外形抓人眼球，但这种昆虫的大部分生物学特性仍然是个谜。

有关"爬沙虫"词源的信息很少，我们在这里也只能做一些猜想了。历史上，渔民用"爬沙虫""水虿"和"爬爬虫"等很多叫法来称呼这种翅虫的幼虫。"hellgrammite"这个词也许是"hell"（地狱）加上"grima"或"grimman"

（妖精、幽灵）等古英语词汇组合而成的，大致可以翻译为"地狱来的妖精"。渔夫经常用这种体形巨大（近9厘米长）的幼虫当鱼饵。

爬沙虫是一种令人印象深刻的动物，生活在河水和溪流水域中，能捕捉顺水漂流而过的猎物。爬沙虫的每个体节上都有一对肉质的手指状丝状突起，人们目前还不清楚这些伸展出来的构造有什么作用。尾部的两个肛附器上有钩，这可以帮助爬沙虫固定在河床上。在北纬地区，爬沙虫的这一幼虫时期可能持续两三年。之后，爬沙虫会爬到陆地上化蛹，其间通常藏身于石头或其他物体之下。蛹是活跃的，有自由活动的附肢；必要时，附肢能推着蛹运动。

雄性成虫的上颚长而弯曲，让人联想起冰块夹。一只雄性特征明显的成虫身长可超过8厘米。也有坊间证据显示，它们用上颚当武器与其他雄性打斗。雌性具有典型的口器，就像幼虫一样；受到攻击时，会狠狠地咬住对方。雌性将含有约1000颗卵的卵块粘在垂悬于水面上的产卵基质上，并在上面盖一层透明的液体；液体干燥后，就会形成一种类似白垩质的物质。雌性通常会守着卵块，不过时间很短。卵大约在1周内孵化，幼虫会顺势掉入水中或爬进水中。

Hexapods, Non-insect

六足类，非昆虫

想不到吧！并非所有的六足生物都是昆虫。从演化的意义上说，最原始的"非昆虫六脚节足动物"分为三个纲：原尾纲（Protura）、双尾纲（Diplura）和弹尾纲（Collembola）。有些权威专家仍然将这三者统统归入昆虫纲（Insecta，旧称"六足纲"），但目前来说，持这种看法的研究者还是少数。

非昆虫六足动物都有原始的头部结构，口器隐藏在袋状的腔内。这种构造叫作"内口式"。内口纲（Entognatha）[1] 六足动物的其他特征：复眼减少、退化或缺失；体内马氏管减少；外骨骼通常较软；卵在体外受精。

原尾纲动物（通称原尾虫）实际上是四足动物，前足上覆盖着感受器，起到触须的作用。在全球范围内，大约分布着 500 种原尾虫，不过，因为它们体形极小（不足 2 毫米），又生活在土壤、落叶堆、苔藓和朽木当中，所以

1　原尾纲、双尾纲和弹尾纲原本被归入昆虫纲，后合并为内口纲，不再属于昆虫。

难得一见。它们很可能以菌根真菌为食。

双尾纲动物（通称双尾虫）的平均身长为 7 ~ 10 毫米，生活的地方与原尾虫相似。双尾虫的一个亚群是"素食者"，其他捕食性双尾虫则多以小型无脊椎动物为食。捕食性的双尾虫后端长有结实的铗形尾须，可以钳住猎物。目前大约存在 800 种双尾虫，世界各地均有分布。

对弹尾纲动物（通称弹尾虫）的数量和多样性（约6000 种）有所了解的人都知道，"原始"并不等于"失败"。弹尾虫几乎无处不在，水坑和池塘的水面上、雪地上甚至室内（检查一下盆栽植物的土壤，或仔细观察浴缸）都有它们的身影。弹尾虫在六足动物中是一种独特的存在，因为它们在性成熟后会继续蜕皮。它们是土壤动物界的重要成员，主要以腐烂的有机物和相关的真菌为食。

这些六足虫最早的祖先可能是在大约 4 亿年前的泥盆纪或志留纪晚期出现的。

另见词条：雪地昆虫（Snow Insects）。

Hilltopping

山顶行为

按照英国冒险家乔治·马洛里（George Mallory）的说法，人类之所以去爬山，是因为"山就在那里"；但昆虫飞上山巅可能出于各种不同的目的。一些雄性蝴蝶、胡蜂、蚂蚁、甲虫、蜻蜓和飞蝇会前往山尖、山顶和岬角，将这些地方作为寻找配偶的"约会圣地"，这种行为叫作"山顶行为"。

有些物种的雌虫分布比较分散，且不集中在羽化地点、筑巢地点或资源丰富地区（花田或水边），正是在这些物种当中，登顶策略逐渐演化出来。这可能与雄性巡视、保卫其领地或从高处栖息点俯视观察的行为有关。这个过程简直没完没了，因为雄虫会不断遇到竞争对手并与之争斗。战斗大多是象征性的，在垂直或水平方向上飞翔追逐，并不需要斗个"你死我活"；不过，有些蝴蝶确实会发生激烈的碰撞。

更具典型性的是，在非领地区域巡查或停留是这些昆虫的一种常态，在这种情况下，雄虫会为了经过的任何雌性而展开"竞争"。主动的登顶方式和被动的登顶方式都被界定为"求偶场一雄多雌制"。求偶场是雄性群聚以吸引雌性的场所。在鸟类中，一个常见的例子是在艾草松鸡求偶场中，雄性艾草松鸡集体在这里向雌性"一展雄风"。"一雄多雌制"通常意味着雄性同时拥有多个配偶，对登顶的昆虫来说，这表示雄虫可以连续与多个雌虫交配——如果机会允许的话。

与交配过的雌虫相比，从未"婚配"的雌虫更有可能经常到山顶活动，这就是雄虫采取登顶策略的另一个好处了：因为已经交配的雌虫通常会忙着四处寻找寄主植物或开始筑巢，这些活动总免不了让它们离开主要的交配地点。

我们对哪些昆虫会习惯性地展开"山顶行为"还知之甚少，更不用说雄虫为了获得最大的成功会采取哪些特殊的策略了。有些昆虫喜欢山顶上最高的物体，比如树或灌丛，因为它们非常显眼，相当于地标式的求偶场。

Honeydew

蜜 露

蚜虫、介壳虫、角蝉和其他半翅目昆虫排出的液体废料令其他多种昆虫欲罢不能，这种物质叫作"蜜露"。从获取碳水化合物的角度来说，昆虫有时青睐蜜露更胜于花蜜。

只要把车停在被蚜虫占领的树下，你就能和蜜露来个"亲密接触"了。这种黏糊糊的物质会粘住灰尘、花粉和其他微粒。树叶上存留的蜜露很快就会生出黑乎乎的霉斑，引发煤污病[1]，损害植物的光合作用能力。为了避免被自己的排泄物淹没，蚜虫会用后足将蜜露液滴踢开。也有一些蚜虫身上覆盖着蜡状分泌物，也可以"出蜜露而不染"。叶蝉则会将蜜露喷射到远离身体一定距离的地方。某些木虱物种的若虫会将蜜露和蜡状分泌物混合在一起，制造一种具有保护功能的晶体状涂层，英语中称为"lerp"。

吸食树木韧皮部汁液的昆虫会产生蜜露。韧皮部的营养其实并不丰富，因此昆虫吸食后，基本没有经过加工和吸收就排出去了。蜜露中除含有昆虫摄入糖分的90%外，剩下的就是一些代谢废物和肠道细菌。

蚂蚁贪食蜜露，非常饥渴，这一习性甚至导致某些蚂

---

[1] 煤污病也叫煤烟病，症状是在叶面、枝梢上形成黑色小霉斑，霉斑扩大连片后，导致整个叶面和枝梢布满黑霉层，影响光合作用，严重时可导致植物死亡。煤污病的发生与分泌蜜露的昆虫有密切关系。

蚁物种与蚜虫、介壳虫或蜡蝉形成了共生关系。蚂蚁"圈养"制造蜜露的生产者，通过触摸它们的尾部来获取蜜露。一些蚂蚁会在蚜虫群里建造保护性的"畜棚"，所有蚂蚁都会奋力保护蚜虫免受捕食者和寄生昆虫的攻击。

在花蜜稀少时，特别是初夏和深秋时节，其他昆虫也会依靠蜜露来获取营养。在墨西哥和澳大利亚的热带地区，以花蜜为食的鸟类会采食蜜露。澳大利亚的狐蝠（flying fox）经常以一种产蜜蜡蝉（lerp psyllid）的蜜露为食。马达加斯加的壁虎会向产蜜蜡蝉索要蜜露，就像蚂蚁从蚜虫那里采集蜜露一样。

Honeypot Ants

蜜罐蚁

蜜罐蚁的食物贮存策略堪称昆虫界最独特的生存手段之一。蜜罐蚁也称蜜蚁，它们当中有专门被当成活体蜜罐的工蚁来贮存"液体甜食"。北美西部蜜蚁属（*Myrmecocystus*）的 30 种蜜蚁是最著名的蜜罐蚁，但蚁亚科其他 7 个属的某些种也表现出了类似行为，包括澳大利亚干旱地区的弓背蚁属（*Camponotus*）和负蜜蚁属（*Melophorus*）；非洲东南部的捷蚁属（*Anoplolepis*）；非洲北部的箭蚁属（*Cataglyphis*）；美拉尼西亚群岛的细臭蚁属（*Leptomyrmex*）；生长在欧洲、亚洲和非洲的斜结蚁属（*Plagiolepis*）；以及分布在全球的前结蚁属（*Prenolepis*）。

"膨腹"是一个专业术语，指的是昆虫腹部膨胀的现象。蜜罐蚁可"膨腹"，是由于蚂蚁的嗉囊具有弹性。嗉囊是蚂蚁体内的贮存器，液体食物留在这处，以备日后反刍。就蜜罐蚁来说，嗉囊可以使其腹部膨胀到一颗葡萄粒的大小。承担这项贮存任务的工蚁被称为"贮蜜蚁"，它们通常紧贴在地下巢穴最深的洞室顶部。当贮蜜蚁的"存货"被消耗一空时，它们就会回到正常的体形。

贮蜜蚁从蚜虫、介壳虫和某些虫瘿中收集蜜露，但其种群也是捕食性的。拟态蜜蚁（学名 *Myrmecocystus mimicus*）捕食白蚁，但觅食活动会导致蚁群遇到同样为了白蚁而来的邻近蚁群。当一个巢穴的觅食者与另一个巢穴的觅食者狭路相逢时，一场例行的"锦标赛"就开始了。每个蚁群都通过"作战姿势"来判断对方的实力。如果一个蚁群中战斗力强的"大型"工蚁较少，则实力较强的蚁群可能对其进行突袭，杀死蚁后并赢走工蚁——包括

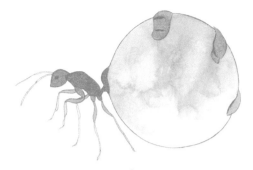

贮蜜蚁

贮蜜蚁在内。与此同时，出击的蚁群中留下的小型工蚁，则继续捕杀蚁群一开始就在追逐的白蚁。

　　蜜罐蚁是许多澳大利亚原住民的美味佳肴，但采挖它们是一项极其艰苦的劳动。北美的原住民部族也食用蜜罐蚁。

Horse Guard

护马蜂

　　胡蜂在你最心爱的骏马腿边盘旋飞舞，不过，在你动手驱赶它们之前，不妨先看看这些昆虫在做什么。卡罗来纳沙蜂（学名 *Stictia carolina*）能拥有"马护卫"这个俗名，可是名正言顺的。

沙蜂是独居动物，每只雌性沙蜂都在植被良好的沙质土壤中挖沙筑巢，如果能建在缓坡上，那就是它们的"梦中情巢"了。这样的位置很稀少，所以很多雌蜂会密集地挤在一小块区域里筑巢。不过，它们产下的第二代沙蜂则往往会扩大活动的范围，聚集的密度也更低一些。这些靠近农田或牧场的大型昆虫一刻不停地活动，可能会让人类感到紧张不安，但还不足为惧。

雌蜂筑好巢，就要为幼虫寻找食物了。幼虫生长需要蛋白质，所以雌蜂会去捕猎蝇类。马蝇和鹿虻体格大、肉又多，刚好可以一口叼住，尤其是对较大的幼虫喙部而言，大小刚好合适。雌蜂在牲畜的腿边盘旋，只要吸血的双翅目昆虫一降落——甚至还在半空中，它们就能将这些吸血昆虫衔走。

包括卡罗来纳沙蜂在内的许多种沙蜂都是"累进供食"的。这种行为与大多数独居的胡蜂形成鲜明对比，后者采取的是大量供食方式，即一次性贮存大量已被麻痹的猎物，然后就放任幼虫自己采食。溺爱孩子的沙蜂妈妈则会根据孩子的需求来喂食。它们不断地离巢又回巢，这样就能及时将潜入蜂巢的任何拟寄生物或捕食者驱赶出去。

在两次外出之间，雌蜂可能会将巢室封上，也可能不会；除非有人在经过其巢穴时踩了一脚或开车轧了过去，不然沙蜂妈妈总是可以准确无误地找到自己的巢室。再瞧瞧我们，有时连自己把车子停在哪儿了都记不住。

Hummingbird Moths
蜂鸟蛾

要吸引鸟类观察者（他们现在更喜欢"观鸟者"这个称呼）并让他们培养起观察昆虫的爱好，办法之一就是请他们观察一种外观和行为都像鸟类的昆虫。天蛾科的某些鹰蛾（也叫天蛾）就是连接观鸟者和昆虫的桥梁。鹰蛾看起来与鹰毫无相似之处，行为倒是与蜂鸟十分相像。

只有学名为 *Macroglossum stellatarum*（即小豆长喙天蛾）的蛾才能被正式称为"蜂鸟鹰蛾"（Hummingbird Hawk-moth）。虽然蜂鸟鹰蛾的分布范围从地中海地区跨越到亚洲的日本，但由于飞行能力很强，它们也经常飞到更加靠北或靠南的地方。"蜂鸟鹰蛾"这个名字也被张冠李戴用在了所有白天飞行的天蛾身上，甚至还错误地被用

Hummingbird hawK-moth
Macroglossum stellatarum

蜂鸟鹰蛾

来指称像蜂鸟一样悬停在花朵前的夜间活动物种。有些天蛾的体形比蜂鸟还大。

悬停让天蛾得以在更短的时间内造访更多的花朵，而无须降落在每朵花上。不过，悬停也要权衡各种条件。昆虫可能因体温过高或体温过低而无法达到最佳飞行状态。寒冷的天蛾通过颤抖来升高体温，将神经冲动传递给发达的飞行肌，引起飞行肌同步收缩，而不需要交替做出上升或向下的动作。最终，这会使天蛾胸腔温度升高，实现悬停。

面临过热危险的天蛾则会将腹部作为散热器，将多余的热量散发出去。氧气输送系统（气管网）与开放式循环系统（血淋巴）的分离也有助于散热。天蛾还可以通过选择活动时间来达到最佳飞行状态。当白天天气炎热时，它们就在夜晚飞行；当夜间温度过低时，它们就在白天活动。

很多花依靠天蛾授粉。这些植物通常开白色、淡黄色或粉红色的花，在黑暗中很容易被昆虫发现。它们也散发着浓郁的香味，而天蛾恰好具有敏锐的嗅觉。

另见词条：传粉昆虫（Pollinators）。

I

Imaginal Discs

成虫盘

昆虫的变形是一个神奇的转化过程，但从某些方面来看，它并不像表面上那样裹得严严实实，让人难窥究竟。昆虫学和语源学爱好者喜欢使用"成虫盘"这个词，因为它完美地描述了成虫（尤其是有翅昆虫的成虫）在生命周期的早期是如何被"想象"出来的。

很难对成虫盘下一个明确的定义，因为并非所有的成虫盘都一模一样。它们似乎仅在更高级的完全变态昆虫目中才会出现，而且并不总是容易被识别出来。成虫盘通常在幼虫发育阶段才变得比较明显，不过在少数物种中，它们在胚胎发育过程中就开始形成了。简单说来，它们是与表皮相关的细胞团，会逐渐发育为成虫的各种特征结构，如触角、复眼、翅和生殖器官等。这种性质的单个细胞被称为成虫细胞或成组织细胞，是所有昆虫共同具有的。一般来说，成虫盘看上去就像表皮的内陷，与之相反的例子也有——蝗虫和半翅目昆虫的翅芽就是外翻形成的。

与大部分情况一样，我们对昆虫发育的了解大多来自对实验室"果蝇"（即黑腹果蝇）的研究，因此将这些发现套用在其他昆虫物种而得出的结论，多半带着几分猜测。不过，下面的情况则基本上可以通过合理的推断得出：成虫盘的内陷组织形成口袋结构，成虫器官就在口袋中开始成形。同源异型基因通常通过编码转录蛋白来指挥昆虫体内结构的发育，而转录因子蛋白质又反过来影响"下游"的基因网络。同源盒基因是同源异型基因的一个子集，其编码决定了成组织细胞的位置，从而确保成虫的专有结构从身体的正确位置发育出来。考虑到这个过程中可能出现的差池，变态过程竟然通常都能带来一只完美的成虫，不得不说这是一个小小的奇迹。

另见词条：保幼激素（Juvenile Hormone）；变态（Metamorphosis）。

Insect Apocalypse
昆虫启示录

虽然许多科学家断言，有关昆虫数量及其多样性骤减的证据只是间接证据，但这并不意味着"昆虫世界末日"不会到来，也不意味着它即刻就会降临。正如薛西斯协会所主张的：我们所知的一切足以促使我们现在就行动起来。

第一声警报声从欧洲响起，这是很能说明问题的。当时，欧洲的狼群和野牛群等大型动物群出现历史性的消失，人们对现存物种的脆弱性才有了强烈的感知。德国的克雷菲尔德昆虫学会是一个广受尊重的昆虫爱好者组织，该学会在 2017 年年底发表报告，称他们在 63 个自然保护区进行的调查显示，昆虫数量会在 30 年内急剧下降。这引发了全球媒体的关注，也激起了昆虫学界其他人士的强烈反应。因为在很长时间里，几乎很少有类似的定量评估成果，资源都用在与人类健康、农业和林业相关的经济昆虫学领域了，并没有投在生态系统健康评估上。

人们在澳大利亚和波多黎各观察到的情况为昆虫数量减少的说法提供了传闻支撑，但在加拿大研究三声夜鹰（Whip-poor-will，学名 *Caprimulgus vociferus*）的鸟类学家则拿出了令人信服的证据：这种食虫鸟类捕食的大型昆虫数量比以前少了。体形较小的昆虫体内积累的氮与体形更大的昆虫体内积累的氮形态不同，这种元素"指纹"也传到了捕食者——鸟类身上。人们通过对三声夜鹰的分析，再结合可追溯到数十年前的博物馆标本，阐明了这种变化。

不过，关于生物多样性下降的主要原因，人们倒是抱有广泛的共识：生境破坏、杀虫剂使用，以及气候变化。我们要怎么做，才不会为此而感到绝望呢？不要低估自然系统从灾难性事件中复原的能力；维护你享有一个健康星球的权利，这个星球理应具有完整的物种；把你的人工草坪变成一片草地甚至草原；支持生物多样性倡议；以及呼吁复兴野外生物学，建立基线数据。

另见词条：濒危昆虫（Endangered Insects）；薛西斯协会（Xerces Society）。

Insect Fear Film Festival
昆虫恐怖电影节

万圣节自然少不了恐怖电影大连播；不过，每年 2 月，在伊利诺伊大学香槟分校，还有专门的昆虫恐怖电影节。多亏了美国艺术与科学院院士（1996 年当选）、美国国家科学奖章获得者（2014 年）梅·贝伦鲍姆博士（Dr. May Berenbaum），电影节自 1984 年创立以来，一直保持

电影海报

着良好的发展势头。

20 世纪 70 年代末，贝伦鲍姆博士在康奈尔大学读研究生时，受到亚裔学生俱乐部播放的电影《哥斯拉》启发，萌生了创办昆虫电影节的想法。但康奈尔大学昆虫学系的教师们认为，放映这种幻想电影作品有损其专业性，驳斥了她的想法。尽管如此，贝伦鲍姆还是坚持下去，并于 1980 年向她在伊利诺伊大学的系主任提议举办电影节。贝伦鲍姆和她的学生们将这项活动视为一次寓教于乐的机会，比如，他们在介绍每部影片时都会解释，为什么体形像公共汽车那么大的昆虫是不可能出现的。

有趣的是，几乎每部昆虫恐怖电影都是围绕着同一个情节展开的：人类对自然世界的干预导致了灾难。巨型昆虫的出现本质上是对人类危害自然之罪的惩罚，比如原子弹带来的辐射、有毒废物导致的污染，或为人类赋予昆虫"超能力"的基因工程。——再想想还有什么会出问题？

电影节不仅引得电影迷前来，而且吸引了对昆虫感到好奇的观众，大家都尽兴而归。昆虫电影节活动一炮而红，不但上了各大报纸、杂志、电视台，受到国家公共广播电台的报道，甚至还登上了科学期刊。贝伦鲍姆是学者中的"稀有物种"，不仅能面向专业领域的同事发表演讲，而且人还特别幽默，可以让刚刚接触昆虫的普通人也听得津津有味。昆虫恐怖电影节万岁！

Integrated Pest Management
有害生物综合治理

农业害虫防治是一系列不断改进迭代的手段，其中的每一项新手段都在取代上一代措施，因为后者的有效性会越来越低。直到最近，人们才将各种策略结合运用，以实现预期的效果。

在美国，有害生物综合治理（简称"IPM"）的概念之所以产生，主要是为了应对公众对广泛使用某些杀虫剂的做法日益强烈的抵制，以及目标昆虫本身对化学品的耐药性不断增强的状况。"IPM"这一术语由雷·F. 史密斯（Ray F. Smith）和罗伯特·范·登·博施于 1967 年提出，1969 年被美国国家科学院采纳。不过，早在 1959 年，IPM 就已经投入实践了；彼时人们已经清楚地看到，从第二次世界大战后开发的配方中得来的杀虫剂，绝非百试不爽的灵丹妙药。

IPM 的全部"作战手段"包括作物轮作休耕等耕作

控制手段，利用害虫天敌，使用生长调节剂干扰昆虫变态，以及诱捕等物理防治手段。今天，转基因生物是人们关注的焦点；像杀虫剂一样，无论批评之词是否合理，转基因生物都已成为众矢之的。IPM绝不是万能的通用解决方案，有些技术更适用于封闭空间，比如温室和筒仓[1]。最初开发出来解决农业害虫的方法，后来往往也成为家庭室内和户外花园害虫控制的模板。截至目前，IPM在亚洲热带地区发展中国家的水稻种植中运用得最为成功。

企业驱动的产品仍然主导着全球虫害控制领域的讨论；在人们眼中，市场份额和防止专利侵权才是最要紧的。只要农业维持在目前如此巨大的规模，利润就是压倒一切的驱动力，想要推行有意义的改革几乎是不可能的。发展中国家必须首先满足西方国家的需求，这是殖民思想的残余，也是一种必须受到挑战的顽固观念。

另见词条：生物防治（Biocontrol）。

1　筒仓是贮存散装物料的仓库，主要分为农业筒仓和工业筒仓两大类。农业筒仓贮存粮食、饲料等颗粒状或粉状物料。

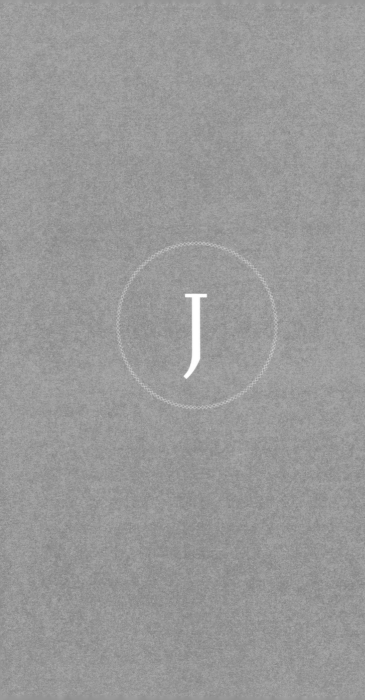

Jumping Beans

跳　豆

　　怀旧的读者或许还记得，很久以前，墨西哥跳豆还是一种新奇的小商品，在廉价小店里随处可见。那么，跳豆到底是什么呢？

　　这种活动的物体其实是大戟科中至少两种墨西哥灌木的种子。其中，小地杨桃（学名 *Sebastiania pavoniana*）主要生长在索诺拉州和奇瓦瓦州干燥的岩石地带。这种植物会长出豆荚，每个豆荚中有三瓣包含种子的荚膜，叫作"心皮"。豆荚成熟后，就会爆裂开来。

　　这种植物开花时，名叫跳豆飞蛾（学名 *Cydia saltitans*）的小蛾子就会进入花朵。雌蛾在正在发育的子房中产卵；孵化出来的幼虫就会钻进心皮，吃掉内容物，将心皮挖成一个中空的巢室，在里面吐丝结茧。当种子从豆荚中弹射出来时，幼虫能感到自己的荚膜突然暴露在烈日之下。幼虫不愿被暴晒，于是全身用力抖动，让它的"种子房"弹跳起来，一路跳到阴凉的地方。

　　最终，幼虫会在种子壁上咬出一个圆洞，不过不会彻底咬断。在化蛹之前，幼虫可能还会蛰伏数月；当成虫准

Cydia saltitans
← larva

跳豆飞蛾幼虫

备好出来时，蛹就会冲破之前咬出来的这个"开口"。

螺穗树是生长在非洲南部干旱地区的一种小型树木。它的果实分为三瓣，南非黑螟蛾（学名 *Emporia melanobasis*）的毛虫会钻入其中部分果实。就像跳豆一样，螺穗树果实蹦蹦跳跳的行为也要归功于藏在果瓣内部的幼虫。"跳瘿"（jumping galls）则是五倍子黄蜂（学名 *Neuroterus saltatorius*）制造出来的。这些瘿是长在白栎树叶片下表面的微小球形结构，最终会干燥、脱落，掉在地上。藏在瘿内扭来扭去的幼虫就会让虫瘿"蹦起来"。

Juvenile Hormone

保幼激素

最新消息！昆虫已经找到了传说中的不老泉。——好吧，这么说不太准确；不过，我们可以说，昆虫的变态主要是由保幼激素来调节的，从字面上不难看出，这就是它们"青春永驻"的原因。当保幼激素减少或缺失的时候，昆虫生命周期的下一阶段才会拉开序幕。保幼激素实际上是一大类激素，其中每种激素的作用略有不同，一只昆虫体内通常不止含有一种保幼激素。

保幼激素的发现和我们对它最初的认识，应归功于文森特·威格尔斯沃思爵士（Sir Vincent Wigglesworth）在20世纪30年代开展的昆虫发育研究，以及卡罗尔·威廉姆斯（Carroll Williams）1956年对这种激素的成功分离。1967年，赫伯特·罗勒（Herbert Röller）确定了保幼激素的化学结构。所有昆虫体内的保幼激素都是位于其脑后方的一对腺体——咽侧体分泌的。保幼激素通常与"蜕皮激素"协同作用，共同调节幼虫或若虫在每个龄期蜕皮前的未成熟期内的基因表达。完全变态昆虫在幼虫期结束时，其体内的保幼激素水平显著下降，蜕皮激素则接管影响化蛹或成虫特征的主要基因表达。保幼激素重新出现在成虫体内时，主要是影响其生殖器官的发育和功能。社会性昆虫的多态性、级型决定[1]和滞育也在一定程度上受保幼激素的调节。

保幼激素威力强大，甚至已被人们开发成防治病虫害的武器。早在 20 世纪 60 年代中期，科学家就开始研究合成保幼激素来充当"第三代"杀虫剂了。人工合成的保幼激素属于一类被称为"生长调节剂"的化合物，但它们的制备成本很高，而且受到光照时性状不稳定。这种激素可以使昆虫永远停留在不成熟的阶段，并在繁殖之前死亡。

另见词条：有害生物综合治理（Integrated Pest Management）；变态（Metamorphosis）；文森特·布莱恩·威格尔斯沃思 [Wigglesworth, Vincent Brian（1899—1994）]。

1　级型决定，即社会性昆虫决定等级分化的因素。在社会性膜翅目昆虫中，某一个体未来发育为王虫（比如蜂王）还是发育成职虫（比如工蜂），主要取决于食物的质量和数量、发育期间接触的化学物质以及巢穴内部的条件等。

Kentromorphism

相型变态

蝗虫（grasshopper）与集成大群迁飞的蝗虫（locust）之间的区别在于环境。少数蝗虫物种会经历一种独特的变态过程，这种变态是拥挤的群居环境导致的，称为"相型变态"。发生这种"相型变态"的初始条件是蝗虫处于"散居"状态，当它们在若虫阶段拥挤地聚集在一起时，就产生了"群居"状态。

1921 年，位于高加索西部的俄罗斯斯塔夫罗波尔边疆区经历了一场蝗灾。这场蝗灾让鲍里斯·乌萨罗夫爵士（Sir Boris Usarov）认识到，群居型的亚洲飞蝗（学名 *Locusta migratoria*）和散居型的隆背飞蝗（学名 *Locusta danica*）并非两种不同的物种，而是亚洲飞蝗的两个阶段。有利的气候条件使当地的蝗虫种群出现爆炸式增长，发展成规模为数十亿只的庞大群体。降水，再加上持续的干旱，迫使通常散居的若虫聚集在逐渐缩窄的采食区域中，引发了相型变态。在沙漠蝗（学名 *Schistocerca gregaria*）中，当同种蝗虫开始持续不断地接触，只要蝗虫后足的腿节反复受到刺激，变化在两个小时内就会出现。这种接触刺激会增加神经递质化学物质——5-羟色胺的分泌，促使若虫寻找其他若虫的陪伴，而不愿分散开。随着更加具有流线型、翅膀更长的蝗虫成虫的出现，这一相型变态过程达到了高潮。

就目前所知，人们认为有 11 种蝗虫会表现出周期性的群居现象。除中美沙漠蝗（学名 *Schistocerca piceifrons*）以外，它们几乎都出现在非洲和欧亚大陆。在北美，偶尔出现的数量暴增的蝗虫种群可能会表现出群居行为，但不会经历任何相关的物理变化。

气候变化可能会加快蝗灾发生的频率，也可能致使在蝗虫群集初始阶段容纳它们的地区沦为新的"蝗灾暴发区"，还可能导致蝗虫群的繁殖期延长，或发生上述所有情况——又或者上述情况都不会发生。之所以难以判断，是因为我们对蝗虫种群动态的理解还处于相对初级的阶段。比如，我们直到 2009 年才发现 5-羟色胺与蝗虫群集之间的联系。

Killer Bees

杀人蜂

在"杀手蜂"（murder hornets）出现之前，"杀人蜂"就已经存在了——它们才是"教父级"的杀手。更准确地说应该是"教母级"的，因为这个群体是雌蜂组成的。20世纪70年代，"杀人蜂"风靡一时，还成为电视节目《周六夜现场》中反复出现的笑料和几部B级片的素材。现在，它们又在哪儿呢？

"杀人蜂"指的是西方蜜蜂（学名 *Apis mellifera*）。西方蜜蜂原产于东半球，是温带地区最温顺的亚种。其非洲变种更容易被激怒：如果蜜獾总是撕开你的巢穴，布须曼人不时用点燃的大象粪便把你从蜂巢里熏出来，那么你也会变得喜怒无常。

17世纪，殖民主义将西方蜜蜂的亚种带到了北美和拉丁美洲。之后，它们又经过大量杂交育种，其中一个非洲亚种——东非蜂（*Apis mellifera scutellata*）因其高级的觅食行为而受到关注。1957年，巴西蜜蜂遗传学家沃里克·克尔（Warwick Kerr）将该种的70只蜂后引入了圣保罗。其中47只活了下来，但有26只逃脱……

与西方蜜蜂的另一变种意大利蜜蜂相比，"非洲化"蜜蜂能招揽更多的筑巢伙伴，飞行更远的距离追击敌人，也更善于叮咬攻击，因此能保卫其族群领地。它们对本土的无刺蜜蜂也构成了威胁，不仅在采集花粉和花蜜方面胜过后者，还带来了一些疾病，而后者对这些疾病毫无免疫力。"非洲化"蜜蜂经常成群结队从邻近的蜂巢中抢夺蜂蜜，雄蜂的交配表现也更加优异。因此，杀人蜂在美洲大陆的活动范围以每年半径 320 千米的范围扩大。

数十年来周期性折磨着养蜂业的神秘综合征——"蜂群衰竭失调"在 2006—2008 年成为头条新闻。突然之间，"坏"蜜蜂就不见了。事实上，非洲蜜蜂对瓦螨有更强的抵抗力，而瓦螨是养蜂业的宿敌。蜜蜂是一项重要的产业，也需要配套的营销活动。但"杀人蜂"一直因为形象不佳而被排除在聚光灯之外。

Kinsey, Alfred C. (1894—1956)
阿尔弗雷德·C. 金赛

"人类性学研究之父"与昆虫学有什么关系？在公共

领域落得恶名之前，他在学界以对瘿蜂科瘿蜂的研究而著称。

金赛在印第安纳大学待了 20 年，游历了美国 36 个州和墨西哥，总行程近 30 000 千米，其中 4000 千米是徒步完成的。在这个过程中，他收集了 30 万份标本。整个职业生涯，金赛收集了 750 万只虫瘿以及从中产生的瘿蜂，数量之巨令人惊叹。这些标本现存放于美国自然历史博物馆，博物馆工作人员直到今天还在进行这些标本的整理分类工作。

金赛痴迷于收集数据，他认为数据越多，越能更好地理解他的研究对象。这是很明智的做法，因为样本量越大，结果的偏差就越小。数据点[1] 可以体现趋势，并追踪记录随时间而发生的变化。金赛自己也承认，他通过完成定量采集获得了权力和权威地位。他还对每种样本进行了无数次的测量，并用代码将结果记录下来。他的第一篇专业论文是《美国瘿蜂科昆虫的生活史》（ *Life Histories of American Cynipidae* ），发表在 1920 年 12 月 20 日出版

---

1 数据点，数据分析统计中的概念，用来描述某个观测单位的某条信息。比如研究蝴蝶时，一只蝴蝶的来源地、颜色、飞行速度等数据，都是它的数据点。

的《美国自然历史博物馆简报》（*Bulletin of the American Museum of Natural History*）上。

1938 年金赛开始在印第安纳大学教授"婚姻课程"，当时他还在研究瘿蜂。金赛希望探索人类性行为问题，但他发现缺乏这方面的数据。于是，他采用了研究瘿蜂的方法来研究人类在另一种"栖息地"——卧室中的行为。从避免从道德、宗教与政治的角度来观察和解释现象的角度来说，他对人类行为的冷静分析是必不可少的。正如他开展的瘿蜂研究一样，金赛记录了无数次测量数据，并做了大量的编码笔记。最终，他的研究成果体现为 11 000 个访谈，以及出版的两部著作（另有三部著作在他去世后出版）。

另见词条：瘿（Galls）。

Kissing Bugs

接吻虫

我们要尽量避免臭虫叮咬，但一定要避免被"接吻虫"咬到！接吻虫是以脊椎动物的血液为食的大型（体长20～44毫米）半翅目昆虫，是猎蝽科独特的吸血昆虫，"锥蝽""木虱王"是它们的别名。其中部分种类是传播疾病的媒介，这让它们在整个热带美洲地区都被当成害虫祸首。

这些吸血虫子属于锥蝽亚科，该科共有18属138种，分布于整个热带地区，以及美国西南部和东部地区。其中5种是美洲锥虫病（又称恰加斯病）[1]的主要传播媒介，这

Assassin bug

Triatoma sanguisuga

吸血锥蝽（学名 *Triatoma sanguisuga*）

1　美洲锥虫病，由克氏锥虫引起的一种热带寄生虫病，多发于美洲，特别是拉丁美洲的偏远地区。该病在临床上可引起心脏、消化道及外周神经系统病变，病死率较高。

种疾病在中美洲和南美洲等地传播。

在很大程度上，恰加斯病是一种被忽视的疾病，因为主要发病地位于贫困的农村，那里的人们与牲畜和啮齿动物共同生活在狭小的空间里。越来越多涌入美国的移民引发了人们对恰加斯病的担忧，但这更多说明了种族不容，而非科学事实。本地的野生动物，尤其是森林鼠、浣熊和负鼠，早就是恰加斯病的活体贮存库了；而墨西哥北部发现的锥蝽在传播这种疾病方面比较可怕。

引起恰加斯病的克氏锥虫存在于锥蝽的粪便中。锥蝽在人体上吸血时，可能会将粪便排在人类寄主的伤口处。人们抓挠伤口时，可能会无意中使寄生虫进入了体内。生活在美国的锥蝽物种好像经过"如厕训练"似的，很少或者说从来不在吸血时排便。犬类感染恰加斯病则通常是犬只吞食锥蝽造成的。

锥蝽得名"接吻虫"，是因为它们喜欢在人睡觉时叮咬人的嘴唇或脸。它们不会在毯子和被褥底下钻爬。即使一只锥蝽没有携带恰加斯病，被它咬伤的伤口仍会出现肿胀、发炎，以及可能持续数周的瘙痒；有些人被咬后还会出现过敏反应。

Kleptoparasitism

偷窃寄生现象

如果你家也来过肆无忌惮地白吃白喝、赖着不走的客人，那么你对偷窃寄生现象的受害者肯定多有同情。

盗食行为可能是从寄食动物的生活方式演变而来的。在寄食生活方式下，一个有机体可以在不与寄主发生冲突的情况下，分享后者贮存的食物；而偷窃寄生昆虫则独占全部资源，并将寄主视为竞争者。

以蜘蛛网中的猎物为食的偷窃寄生昆虫数量之多，简直令人惊讶。蝎蛉科的某些蝎蛉物种能巧妙地躲避具有黏性的蛛丝，大啖蜘蛛贮存的猎物。狭腹胡蜂属（*Parischnogaster* spp.）的某些狭腹胡蜂也是这么做的：它们从蜘蛛网中抢夺猎物。

还有很多飞蝇从其他昆虫和蜘蛛那里窃取食物。当蟹蛛、锥蝽或食虫虻捕到猎物、开始进食时，叶蝇科的"揩油蝇"就会来"蹭饭"；钩蚊属的钩蚊会和工蚁"搭讪"，迫使它们反刍液体食物；宽露尾甲属（*Amphotis*）的"拦路盗匪"露尾甲也会截住行色匆匆的蚂蚁，向它们索要"买路钱"——反刍食物。

青蜂、蚁蜂、杜鹃蜂是其他独居蜂和蜜蜂的专性偷窃寄生蜂；也就是说，它们最终会杀死寄主。它们侵入寄主的巢穴，在一个或数个巢室中产卵。有些寄生蜂成虫会破坏寄主的卵或杀死幼虫；即使它们没有这样做，偷窃寄生蜂的幼虫也可能这样做，然后吃掉寄主贮存的花粉或昆虫猎物。

昆虫也会采取"安保措施"来防范偷窃寄生行为。沙蜂母亲不会一次性贮存大量食物，而是根据孩子们的需要带回刚死不久的新鲜飞蝇。其他胡蜂会制造假巢，即"副穴"，从而分散前来偷盗的敌人对其真正巢穴（主巢）的注意力。

Lac Insect

紫胶虫

你正要大啃一口的苹果或扔进嘴里的硬糖很可能都涂着一层上光剂，这种虫胶产物正是来源于紫胶虫（即紫胶蚧，学名 *Kerria lacca*）。别紧张，这种物质不仅对人体无害，而且具有非常神奇的特性。

和胭脂虫一样，紫胶虫也是一种吸取寄主植物汁液为食的蚧壳虫。紫胶虫分泌大量树脂状废物，这些废物会变硬，形成覆盖在昆虫表面的"壳"。相邻紫胶虫个体的壳粘在一起，就形成了更大的硬壳，累积起来可达到1.25厘米厚。这种粘在嫩枝上的"树枝虫脂"[1]就是紫胶、染料和其他产品的原材料。

紫胶制品是印度的重要产业，全球紫胶供应量的75%都来自印度。泰国和越南也生产紫胶。从寄主树木上采收的紫胶原胶经过粉碎和筛分，得到粒状的"粗紫胶"，它是制作清漆、化妆品、香水等产品的主要成分。今天，面对价格更加低廉的竞争对手——石油制品，粗紫胶的提纯

---

1 树枝虫脂指的是未加工的天然树脂，由在树枝上结壳的昆虫排泄物和昆虫遗体等构成，需要经过数个步骤才能生产出虫胶。

技术不断改进，这种天然产品依然具有价值。对木匠和其他很多手艺人来说，紫胶依然是他们首选的末道漆。

制造清漆并不是紫胶唯一的用途。紫胶染料由蒽醌（anthraquinone）组成，蒽醌已被证实具有抗炎、抗病毒和抗肥胖的作用。2016年的一项研究表明，这种染料具备成为抗癌药物的潜力。紫胶包裹材料也可以让味道不佳的药片变得更容易吞咽；因为胃酸无法消化紫胶，所以避孕的肠溶药经常使用紫胶作为药膜。

虽然紫胶的应用全盛期在20世纪30年代至40年代中期，但它长期以来都是基础的工农业原料，还具有药用潜力，紫胶虫也因此成为我们经济发展中最重要的生物之一。

Lice, Human
人　虱

如今，除非孩子们带着老师通报学生长虱子的通知回家，不然我们已经很少会想到虱子了。令人遗憾的是，长虱子被视为一种耻辱，我们认为虱子是肮脏或意志薄弱的表现；毕竟，头虱的暴发往往是善良的孩子们分享帽子和围巾的结果。

有两个种的虱子是人类身上特有的，它们都是以血液为食的"吸虱"（sucking lice）。体虱（学名 *Pediculus humanus*）相对少见，它们在吃饱喝足后就会离开寄主的身体。对它们更合适的叫法是"衣虱"，因为两餐之间它们通常都待在衣服上。头虱（学名 *Pediculus humanus capitis*）仅在我们的头皮和颈部活动，阴虱（学名 *Phthirus pubis*）则更习惯占领人类的裆部。

体虱会传播流行性斑疹伤寒，尤其是在战争时期，以及在监狱或其他卫生条件欠佳且过度拥挤的环境下。伤寒的流行对人口数量造成了毁灭性的影响，仅 1917 年至

Head louse
Pediculus humanus capitis

头 虱

1923 年，就有至少 300 万人死于这种传染病。甚至第二次世界大战期间，仍然有数十万人死于伤寒，直到施用 DDT 才最终遏止了传染趋势。今天，伤寒基本上已经见不到了，不过 1997 年在俄罗斯曾爆发过一次。

相比之下，长头虱充其量不过是件讨厌的麻烦事而已。20 世纪 90 年代中后期，头虱再次出现，部分原因在于它们对各种杀虫剂（特别是拟除虫菊酯类杀虫剂）产生了耐药性；部分原因或许是父母不愿意给孩子使用化学产品。

Light Pollution
光污染

夜间人工照明是导致昆虫死亡的一个因素，尤其是对已经遭遇栖息地破坏和生境破碎化¹的物种来说。但是，这一因素被人们低估了。我们已经知道光污染事件产生了

---

1 生境破碎化，指自然过程或人为活动（比如开拓道路）造成生物栖息地被分割，致使种群被分割的现象。这会导致物种或种群减少、生物死亡率增加、迁移率下降等问题。——编者注

严重的影响，但随着时间的推移，还有很多后果是我们需要了解的。

为了收集标本，昆虫学家们会使用黑光灯和诱虫灯来吸引昆虫。然而，现在人们出于安全的考虑、为了打广告，又或者要让办公场所灯火通明，灯光已经无处不在，无孔不入。

夜间活动的昆虫和白天活动的昆虫都大受其害：害怕光亮的物种可能无法找到黑暗的藏身之所；白天活动的物种则可能会延长活跃时间，导致其寿命缩短、行为表现不佳或两种情况兼而有之。即使是远处大城市散发的"微光"也会抑制某些昆虫通过天体来定位的能力。萤火虫的生物发光信号就更看不见了。

据一项研究估计，夜间被一处固定灯光吸引而去的昆虫中，三分之一的个体会在早晨之前死亡，原因是疲劳、被捕食或灯光本身的高温。因为昆虫可能会一动不动地暴露在灯光里直到日出时分，所以鸟类和其他日间捕猎的动物很容易就能捉到它们。昆虫的注意力被灯光吸引，它们便无心再寻觅配偶或做其他常规的事。

人工光源炫目的效果还会干扰昆虫的生殖和发育。雌性水生昆虫（比如蜉蝣）会被放大的偏振光迷惑，并试图在不适宜产卵的物体表面上产卵，而不是将卵产在水上。长时间暴露在光线下会导致某些雄性昆虫不育，也会抑制某些雌性昆虫生成性信息素。

天文学家们正在城市中推动"黑暗天空"计划，昆虫学家们也应该加入他们的队伍。此外，我们还可以关掉非必要的室外灯；用动感触控灯换掉持续照明灯；用黄光灯替换白光灯和蓝光灯。还有，无论如何，把灭虫灯扔掉吧。

另见词条：濒危昆虫（Endangered Insects）；昆虫启示录（Insect Apocalypse）；薛西斯协会（Xerces Society）。

Living Jewelry
活珠宝

昆虫是珠宝常见的设计主题，甚至有些时候，昆虫本身就是一种饰品。活体甲虫珠宝是玛雅文化的一大特色，不过我们还不清楚它的起源。一些人将这种装饰追溯到尤卡坦的传说。传说中，一位公主与平民男子相爱，这段禁忌之爱以她的情人被判死刑而告终。一位萨满将男子变成了一只甲虫，公主将它佩戴在胸前，作为两人不朽爱情的象征。其他学者认为，这不过是如今墨西哥小贩编出来的故事，他们向游客出售活体甲虫珠宝——Maquech（又作Makech）。"Maquech"指的是不会飞的"铁锭甲虫"，学名为 *Zopherus chilensis*。

随着殖民主义的发展，甲虫首饰在维多利亚时代风靡一时，女性穿戴各式各样的活体装饰物，以彰显自己与"大自然母亲"的联系——这种联系在第一次工业革命期间已经消失了。到了 19 世纪 90 年代，女士的发型上还能见到闪光的萤火虫，镶嵌着宝石的甲虫则系着金链子，挂

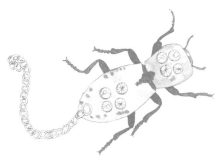

Maquech
Ironclad beetle (with jewels)
Zopherus chilensis

活体甲虫珠宝
（镶嵌宝石的）铁锭甲虫

在女士衬衫上。

20世纪80年代，活体甲虫珠宝再次浮出水面。2010年，美国海关截获了一个甲虫珠宝，引起了善待动物组织（PETA）的愤怒，他们反对"束缚虫子"。这批甲虫是一群"甲虫猎人"在野外捕获的，他们将甲虫卖给当地工匠，由后者镶嵌宝石并出售。

不过，善待动物组织并没有对设计师贾里德·戈尔德（Jared Gold）在2006年设计的"蟑螂胸针"提出异议，这也许是因为他将马达加斯加发声蟑螂（Madagascar Hissing Cockroaches）从成为爬行动物饲料的命运中解救出来。戈尔德在综艺节目《全美超模大赛》中展示了他的作品，这些令人眼花缭乱的虫子饰品每只售价在60～80美元。

Louse Flies

虱　蝇

猎人们在加工猎物时，可能会在不经意间发现，一些小东西从死去的哺乳动物皮毛或捕到的鸟类羽毛中间突然钻出来。不过，人们在处理鹿肉或家禽时，大多对它们视而不见，通常并不会去弄清楚这些小东西到底是什么。

虱蝇科的虱蝇以寄主的血液为食，至少有 213 种，其中四分之三是鸟类寄生虫，其余的寄生在哺乳动物身上；有些种只寄生于一种寄主，有些则是广食性的。根据具体种的不同，它们可能有短而粗的翅，或者根本没有翅。扁平的身体、伸展的足，以及结实有力的爪子使它们能在羽毛或毛皮中灵活地穿梭，很难被捉出去。

令人震惊的是，雌性虱蝇每次只孵化一颗卵，并且在体内孵化。幼虫在相当于子宫的结构内生长 3 个龄期。雌

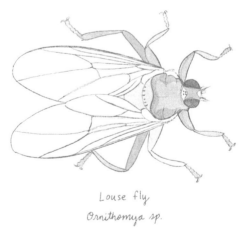

虱　蝇
鸟虱蝇属（*Ornithomya* sp.）

蝇的输卵管会膨大以容纳幼虫，幼虫以含有两种乳蛋白和共生细菌的肥腻液体分泌物为食。接着成熟的幼虫从母体中排出，准备化蛹。蛹可能附着在寄主身上、藏在寄主的巢中，或掩在落叶或其他碎屑中来度过这一生命阶段。这种高级的亲代抚育形式有一个专门术语——"腺养胎生"[1]。

寄生在哺乳动物上的虱蝇称为"羊虱蝇"（Sheep Ked，学名 *Melophagus ovinus*），是最常见、也是问题最大的虱蝇。由于羊群总是挤在一起，这些体形微小、强壮、布满刚毛的无翅虱蝇很容易在不同的寄主之间移动。通常来说，虱蝇会传播致病细菌、蠕虫、线虫，还可能传播病毒。寄居在鸟类身上的美洲鹭虱蝇（学名 *Icosta americana*）就是北美洲西尼罗病毒[2]的可疑传播载体。

---

1 腺养胎生指的是，胚胎发育的养分也由卵供给，但幼体在母体内孵化后并不马上产出，而是继续寄居在母体生殖器官膨大而形成的"子宫"内，依靠母体子宫腺提供的养分生存，直到接近化蛹时才产出。

2 西尼罗病毒属于黄病毒科黄病毒属，与乙型脑炎病毒、登革病毒等病毒同属，以鸟类为主要贮存寄主，蚊子、马和人类都可以成为其传染寄主。由该病毒引起的西尼罗病毒感染是一种人畜共患的传染病，近年来出现在欧洲和北美温带地区，严重者可致人和马患上脑炎，病死率高。

Malaria, Avian

禽疟疾

长期以来，疟疾一直危害着人类健康。为了尽可能减轻疟原虫造成的灾难性影响，人类甚至进化出了畸形的红细胞（指镰状细胞贫血）。不过，人类并不是唯一被疟疾折磨的动物。

禽疟疾对人类不具有传染性。这是一组完全不同的病原体，超过40种，共分为3个属：疟原虫属（*Plasmodium*）、变形血原虫属（*Haemoproteus*）和住白细胞虫属（*Leucocy-tozoon*）。经过亿万年的演化，在这些病原体及其传播媒介（某些蚊子、蠓、虱蝇等）出现的地区，大多数鸟类已经对它们形成了相应的免疫。然而，这些病原体一旦突然出现在以前从未接触过禽疟疾的鸟类种群中，比如在偏远的岛屿、动物园和水族馆中生活的鸟类，那么问题就会变得非常严重。

夏威夷群岛一直是远离禽疟疾的鸟类天堂，直到1826年左右，残疟原虫（学名 *Plasmodium relictum*）及其传播媒介南方居所蚊（即致倦库蚊，学名 *Culex quinque-fasciatus*）的意外引进，打破了这份平静。从此以后，至少 10 种当地特有的鸟类灭绝。禽疟疾不但威胁着其他原产于当地的森林鸟类，还潜入了海拔更高的鸟类栖息地。禽疟疾感染的后果之一是感染动物染色体末端端粒长度的缩短。端粒或多或少发挥着保护 DNA 免受损伤的作用，其长度通常与生物体的寿命相对应。患有禽疟疾的鸟类寿命可能不会像正常鸟类那么长，这严重影响了它们的繁殖能力。

厄瓜多尔加拉帕戈斯群岛和新西兰的鸟类也饱受外来疾病禽疟疾的折磨。此外，因为疟疾的传播媒介往往受到较冷气候的制约，所以全球变暖将导致更多地区容易遭到疟疾传播媒介的入侵。

M

Malpighian Tubules
马氏管

为了生存，所有动物都必须消化食物、调节离子平衡和排泄废物。昆虫已经找到一些办法来应对这些挑战，这些方法与脊椎动物的策略截然不同。大多数昆虫都有一种独特的内脏器官——马氏管，它在过滤废物、维持钠离子和钾离子平衡方面发挥着重要的作用。

虽然将这种细长的管状物比作脊椎动物的肾脏未免过于简单化了，但马氏管的确属于昆虫的开放式循环系统，因为昆虫的整个体腔都充满了血淋巴。不同种类昆虫的马氏管数量、长度和生长位置相差很大，蚜虫干脆就没有马氏管。一般来说，马氏管位于中肠末端和后肠顶端的交界处。它产生尿液（尿酸），但后肠（尤其是直肠）会将水和一些溶质再次吸收，因此尿酸是以结晶的形式被排出昆虫体外的。

马氏管的其他功能也逐渐被人们发现。新西兰怀托摩萤火虫洞（Waitomo Caves）中著名的蕈蚊幼虫，就是在马氏管中制造其生物发光化合物的。吹沫虫（沫蝉）若虫在这个器官中制造它们的"唾沫"。一些叶蝉的网粒体也是马氏管的产物。草蛉和蚁狮幼虫结茧吐出的细丝也来自马氏管。

为表彰意大利科学家马尔切罗·马尔皮基（Marcello Malpighi，1628—1694年）对显微解剖学、组织学、生理学和胚胎学的诸多贡献，马氏管以他的姓氏命名。他研究动植物，是第一个认识到昆虫是通过气管系统而不是肺部呼吸的人。

另见词条：生物发光（Bioluminescence）；网粒体（Brochoso-mes）；吹沫虫（Spittlebugs）。

Mantidflies

螳蛉

螳蛉科昆虫的成虫看起来就像一只长相诡异、混合了螳螂和草蛉特征的"科学怪虫"，有时还带着几分胡蜂的味道。可要说起螳蛉的诡异，这不过是冰山一角。

螳蛉科昆虫与草蛉和蚁狮同属脉翅目，分为4个亚科，44属，410种。螳蛉成虫是捕食性昆虫，经常趁其他昆虫落在花朵或叶子上时伏击它们。某些种类的螳蛉会在夜间造访人工光源，大肆捕食被灯光吸引而去的其他昆虫。

许多螳蛉的生命周期看起来简直荒谬。螳蛉亚科（Mantispinae）的昆虫在幼虫阶段就会捕食蜘蛛的卵了。雌性螳蛉成虫每次会产下大量的卵，数百到数千粒，每粒卵都有短的丝质柄。孵化出来的幼虫叫作闯蚴（planidium），它们非常活跃，会主动寻找蜘蛛的卵囊钻进去，或者牢牢攀在一只路过的蜘蛛身上。待在雄性蜘

Wasp mantidfly
Climaciella brunnea
褐蜂螳蛉
（学名 *Climaciella brunnea*）

蛛身上是没用的，所以幼虫必须趁着两只蜘蛛交配时，从雄性蜘蛛转移到雌性蜘蛛身上。幼虫开始吐丝，就得进入蜘蛛的卵囊了。进去之后，它们就开始大吃大喝，大约 1 周后蜕皮，成为 2 龄幼虫。胖乎乎的 2 龄幼虫并不活跃，但吃得更多，两三天后再次蜕皮。3 龄幼虫还是肉虫的样子，2 ~ 6 天后结茧。

合螳蛉亚科（Symphrasinae）的螳蛉会钻进社会性蜂的巢穴。螳蛉妈妈在靠近寄主巢穴的地方产卵。它们的幼虫一旦进入巢穴，就会开始捕食胡蜂或蜜蜂的蛹。进去好办，出来可就难了。螳蛉幼虫解决这个问题的方法是以隐成虫（基本上相当于可以移动的蛹）的状态从茧中逸出，并通过气味伪装成寄主群体的成员。逸出后，它们会再次蜕皮，长成翅膀发育完全的成虫。

Medicinal Maggots
医用蛆虫

虽然听上去好像中世纪的酷刑，但将蝇的幼虫放在伤口上这种古老的做法如今已成为广为人们接受的抗生素替代品疗法。可以说，蛆虫疗法比传统的处理方法痛苦小、价格低，并且能加快伤口的愈合速度。

据说，成吉思汗出征时，战车里必备现成的蝇类幼虫，以便快速地治疗受伤的士兵。拿破仑的战地外科医生也使用蛆虫。在美国内战期间，野战医院的工作人员注意到，被蛆虫感染的伤口反而愈合得更快，于是开始在伤口上堆积更多的蛆虫以加速愈合。

人们后来才发现这种现象背后的科学原理。原来，伤口处滋生的蛆虫会分泌一种叫作"尿囊素"的抗菌物质，它能够加速新细胞的生长，阻碍微生物感染的发生。尿囊素中的活性分子是尿素——没错，与尿液中那种化学物质相同。显然，蝇幼虫的唾液分泌物和排泄物都具有杀菌与促进伤口愈合的特性。它们的唾液中还含有绿蝇素（lucifensin），这是一种具有显著抗菌特性的化合物，十分新奇。

面对不断增加的耐抗生素病菌感染事件，医学界重新注意到医用蛆虫，并将其作为替代抗生素的治疗手段。耐甲氧西林金黄色葡萄球菌（*Methicillin-resistant Staphylococcus aureus*，简称"MRSA"）[1]带来的挑战尤其严峻，而医用蛆虫或许是破解这个难题的答案。

"蛆虫清创疗法"指的是以蛆虫为基础的伤口清洁技术，是一种有效的治疗手段。美国食品药品监督管理局（FDA）于 2004 年批准将蛆虫作为一种"医疗设备"，现在还有专门养殖医用蛆虫的公司。医用蛆虫所用的蝇是丝光绿蝇（学名 *Lucilia sericata*），也叫"绿豆蝇"，其成虫身体呈现出闪亮的金属光泽。蛆虫清创疗法目前最常用于慢性伤口，尤其是糖尿病足溃疡的治疗。

1　耐甲氧西林金黄色葡萄球菌是临床上常见的细菌，毒性较强，表现出对青霉素的耐药，是院内感染和社区感染的重要病原菌之一。

Merian, Maria Sibylla (1647—1717)

玛利亚·西比拉·梅里安

　　玛利亚·西比拉·梅里安一生的经历以及她留下的宝贵遗产都充分证明，热情可以推动人前行，艺术也能对科学产生影响。早在 13 岁那年，梅里安的天赋和野心就展露出来了。她从那时开始写日记，第一篇日记中就包括一幅准确度惊人的水彩画，画作描绘了蚕蛾的变态过程。

　　在艺术方面，对梅里安影响最大的可能就是她的继父了[1]；不过，她显然也被欧洲探险家从异域带回来展示的珍奇植物、蝴蝶、甲虫、贝壳和其他生物深深吸引。梅里安自己也收集昆虫。1679 年，她出版了第一部关于欧洲毛虫的著作，书中配有 50 幅版画插图。她的第二卷作品于 1683 年出版。

　　梅里安的母亲于 1690 年去世，一年后，她在阿姆斯特丹结交了市长、大臣和多位科学家——他们都拥有大量的私人动植物标本收藏。也许正是这些标本启发了梅里安，1699 年 6 月，时年 52 岁的她带着小女儿多萝西娅

1　梅里安的继父是著名的静物画家雅各布·马雷尔（Jacob Marrel）。

（梅里安有两个女儿）前往南美洲的苏里南（现圭亚那）。她花了两年时间在当地养殖毛虫，其中许多是原住民和非裔仆人给她捉来的。她还观察了蛇、蜥蜴和其他野生动物。直到 1701 年 9 月，疾病和热带气候迫使她返回阿姆斯特丹。

她最著名的作品是《苏里南昆虫变态图谱》(*Meta-morphosis Insectorum Surinamensium*)。全书配了 60 幅版画插图，于 1705 年自费出版。这笔费用是她为格奥尔格·鲁姆（Georg Rumf，即格奥尔格·艾伯赫·朗弗安斯）的《安汶岛奇珍列志》(*Amboinsche Rariteitkamer*) 一书充当"影子画手"赚来的。她这部作品先后出版了 5 个版本，最后一版于 1771 年出版。

Metamorphosis
变　态

所有昆虫都要经历从卵到成虫的转变。"变态"为昆虫赋予了独特的优势，使它们成为所有生物中进化很成功的物种。对经过卵、幼虫和蛹等各个阶段才能长为成虫的全变态物种来说，尤其如此。

完全变态中的每个生长阶段都有其特定的使命。幼虫期是进食和生长，成虫期则通常是繁殖和散布。未成熟的昆虫没有生殖系统；某些昆虫的成虫则缺少消化系统，全赖幼虫期积累的脂肪来维持生命。卵和蛹从外表看都是不活跃的，但它们是推动昆虫向下一阶段转化的发动机。

不同的虫期也使昆虫能够划分资源，从而避免种内竞争。昆虫在幼虫期以富含蛋白质的食物为食，成虫期则主要通过碳水化合物来获得能量。处于未成熟期的昆虫甚至可能生活在与成虫完全不同的栖息地，比如，某些飞蝇的幼虫就是水生的。在温带气候环境下，不同的虫期能够适应滞育和季节变化。

变态也有为数不多的几个不利之处，其中之一就是，在龄期之间的过渡中可能会出现很多差错。甚至从一个幼虫龄期蜕皮到下一个幼虫龄期，昆虫就可能变成畸形。蜕皮是一项体力消耗极大的活动，刚蜕皮的昆虫柔软、虚弱、精疲力竭，也更容易受到捕食者的攻击。在激素和基因层面上，一切都必须"天衣无缝"，这样在下一个虫期"编程"时才不会出现漏洞。

对人类来说，如何理解变态过程中的各种微妙差别是一个持续性的挑战，利用虫期中的少数薄弱环节来对付害虫则是我们的主要目标。同时，理解实现完美变态所需的条件，对于实施濒危物种的人工饲养至关重要。

另见词条：蛹（用于鳞翅目昆虫）（Chrysalis）；茧（Cocoon）；滞育（Diapause）；保幼激素（Juvenile Hormone）。

Migration
迁　徙

帝王蝶是每年最早动身的长途旅行动物之一，它们每年都要在北美迁徙（在其他大陆上是不迁徙的）。除此之外，其他昆虫也会参加"空中马拉松"。

迁移的昆虫很少有预定路线或共同的目的地。小红蛱蝶（学名 *Vanessa cardui*）的分布范围极广，以至于它们还有一个俗名——"世界公民"。在欧洲、亚洲和非洲，这种昆虫春天从非洲向北迁徙，飞越撒哈拉沙漠和地中海，抵达欧洲。一路向北的旅行是同一代小红蛱蝶完成的。一

Painted lady butterfly
Vanessa cardui

小红蛱蝶

旦进入欧洲，它们的后代就开始继续向北散布。秋天，后代开始往回飞。在北美，小红蛱蝶的迁徙并不频繁，但蔚为壮观。2017 年，一支大规模的小红蛱蝶南迁队伍穿过科罗拉多州丹佛，其密度之大在雷达上都能观测到。

　　散居的蝗虫聚集形成群居的飞蝗时，它们会将食物资源一个接一个地啃光吃净，于是必然开始迁徙。它们利用有利的风向在广阔的范围内推进。气候也会促进许多蛾类迁徙。比如，巨大的黑色女巫蛾（即暗巫夜蛾，学名 *Ascalapha odorata*）本是美洲大陆热带和亚热带地区的"常住民"，但它们会定期向北飞到更远的地方。

许多蜻蜓形成了适应持续飞行的身体结构，这种结构使它们在飞行时消耗的体力最少。黄蜻（学名 *Pantala flavescens*）是昆虫界无可争议的迁徙冠军。这种昆虫最出名的事迹是从印度飞到非洲东部再返回印度，这趟漫长的迁徙全程 17 700 千米或以上。像许多迁徙昆虫一样，它们飞得很高，超出我们肉眼可见的范围。通常来说，观赏大批帝王蝶迁徙的最佳地点应该是你所在城市最高建筑的屋顶。

另见词条：相型变态（Kentromorphism）。

Miorelli, Nancy
南希·米奥雷利

"SciComm"是"科学传播"（science communication）的缩写，也是昆虫学领域日趋重要的一个方面。倡导公众更多地了解和欣赏节肢动物，推动昆虫保护，更是当代昆虫学家南希·米奥雷利的首要任务。

南希拥有美国佐治亚大学的昆虫学硕士学位；在简

化复杂的科学概念而不牺牲其准确性方面，她的技巧恐怕无人能及。南希目前在厄瓜多尔基多的家中工作，但通过熟练的社交媒体操作技巧和专业播客，她可以在全球范围内开展业务。她组织"科学虫厄瓜多尔旅行团"前往云雾林、北部海岸、亚马逊地区和安第斯山脉北部，为当地导游事业和社群提供支持，并建立持久的跨文化关系。大地震发生时，南希也向她的粉丝们募集资金，帮助重建被毁的乡村。促进人们认识自然生态系统、原住民与地方经济三者之间的相互关联，是她与其他更专注于细分专业领域的同行最不同的地方。当然，这两种工作同样重要，并且相辅相成。

南希与朋友和同事通力协作，创立了"向昆虫学家提问"（Ask an Entomologist）这样的品牌。她也有自己的科学传播事业，包括她的"科学虫"旅游和教育公司、社交工具 Facebook（脸书）学习社区"科学巢"（Sci-Hive），以及视频网站 YouTube（油管频道）"科学虫"（Scibugs）。这些事业以及她所付出的其他努力，为她赢得了 2017 年美国昆虫学会颁发的早期职业生涯专业拓展和公众参与奖。在业余时间，她用来自泰国的可持续采购原料——甲虫翅盖（elytra）和厄瓜多尔棕榈树所产的"象牙果"制作首饰，并在手工艺品在线销售网站 Etsy 上开设"科学虫精选店"出售这些首饰。她喜欢在墙壁和冲浪板上绘画，也喜欢动漫角色扮演。

Mole Crickets
蝼　蛄

这是会飞的小龙虾！这是长翅膀的对虾！这是外星生物……咦，原来这是一只蝼蛄？对普通人来说，最令人费解的昆虫当中一定少不了蝼蛄科昆虫。蝼蛄的外表非常奇特，并且由于它们生活在地下，我们难得一睹其真容。

目前已知蝼蛄有 8 属，80 多种，广泛分布在全球热带和温带地区。与真蟋蟀[1]一样，雄性蝼蛄也会通过摩擦较短的前翅发出鸣声。此外，它们还能在洞穴中放大音量。因为蝼蛄的洞穴形似喇叭，不但有一个"角筒"，地下更深的部分还有一个"圆球"。"圆球"可以防止声音向

1　目前，全世界已发现并识别的蟋蟀科的蟋蟀（即真蟋蟀）有 900 多种。——编者注

洞穴之内传播，而"角筒"则起到扬声器的作用。一些蝼蛄物种的"角筒"是"立体声"的，有两个相邻的漏斗状开口。蝼蛄的前足高度适合开掘，胫节通常长有数个较大的指状爪（称为"趾"），腿节和转节通常有拇指状突起。最大的种长度超过4厘米。一些蝼蛄物种不具备飞行能力，另一些则只有雌性会飞。

7 种外来的蝼蛄已经在美国（包括夏威夷和波多黎各）"安家落户"，其中一些是危害严重的农业害虫和草坪害虫。与此同时，本地原生的大蝼蛄（学名 *Gryllotalpa major*）即使还没有因发展农业、城市化和其他破坏其栖息地的人类活动而彻底成为受威胁或濒危物种，也已经是一种脆弱物种了。

Northern mole cricket
Neocurtilla hexadactyla
北美蝼蛄
（美国六趾蝼蛄，学名 *Neocurtilla hexadactyla*）

蝼蛄也不是没有天敌的。各种鸟类、两栖动物、鼩鼱、蜂类、猎蝽、步甲、寄蝇、线虫、真菌和其他病原体都会攻击它们。在泰国和菲律宾，它们被当成美味佳肴。在赞比亚，非洲蝼蛄（学名 *Gryllotalpa africana*）据说能给看到它的人带来好运。

另见词条：摩擦发音（Stridulation）。

Moon, Irene

艾琳·穆恩

代表 21 世纪昆虫学公众形象的是令人耳目一新的女性面孔。艾琳·穆恩就是其中很有特色的一位。"艾琳·穆恩"是卡特娅·赛尔特曼博士（Dr. Katja Seltmann）的艺名。20 世纪 90 年代末至 2010 年左右，她进行了大量现场行为艺术表演，她的很多"音乐昆虫课"、歌曲和其他录音在网络上也留存了下来。

赛尔特曼不仅获得了公众对她个人的赞誉，而且提高了昆虫学的知名度，以及人们对科学的整体关注程度。

根据她自己的描述，她的形象"艾琳·穆恩"相当于电视节目《劳伦斯·威尔克秀》中列侬三姐妹（Lennon Sisters）里的一个角色与高中代数老师的融合体。一位评论家则称她的形象将《101忠狗》（One Hundred and One Dalmatians）中的大反派库伊拉和"严格但有爱的四年级老师"合二为一。她的多媒体表演大胆、权威且具有互动性，她在欧洲、澳大利亚以及美国各地都举办过巡回演出。

千万不要以为赛尔特曼只是一名艺人，要知道，她还拥有匈牙利塞格德大学的博士学位、美国肯塔基大学的昆虫学硕士学位，以及美国佐治亚大学的艺术学士学位。她作为研究者发表过论文，目前是地球研究所（Earth Research Institute）谢德尔生物多样性和生态恢复中心凯瑟琳·埃索中心主任。她是STEAM（科学、技术、工程、艺术和数学）教育的积极倡导者；对渴望在这些学科中树立职业追求的女孩们来说，她也是一位令人钦佩的榜样。

赛尔特曼充满想象力的公共教育方法，与她对自然历史收藏、生境修复和公民科学贡献质量等领域的创新及推动相得益彰。很少有科学家能像赛尔特曼这样身兼多职且样样精通，她得到荣誉，可以说是真正的实至名归。

Mushi

昆　虫 [1]

殖民主义、战乱、政权更迭，以及单一文化的全球经济所带来的巨大不幸，包括原住民文化遗产遭到侵蚀和灭绝、神圣的仪规和习俗沦为流行文化或旅游景观的悲剧。尽管如此，饲养"Mushi"的传统却在日本顽强地延续了下来。

自17世纪末以来，日本儿童就将饲养昆虫当作消遣，尤其是饲养"会唱歌"的铃虫（日语为"suzumushi"，学名 *Homoeogryllus japonicus*）当宠物。男孩女孩们大多自己捕捉蚱蜢、螽斯和蝉来养，到了1820年，人们已经在养殖和出售昆虫了。明治年间（1868—1912年），商贩们开办了常设性的昆虫专卖店，出售萤火虫、独角仙等各种各样的昆虫。到了20世纪30年代，养虫的传统日渐衰落；到第二次世界大战结束时，昆虫专卖店几乎已经绝迹。

30年后，昆虫销售在百货公司"起死回生"，独角仙

1　"Mushi"在日语中指的是"昆虫"。过去的日本人用它指称昆虫、蜘蛛、蝾螈等多种动物，年轻一代则仅用它来称呼昆虫，特别是发出鸣声的蟋蟀、蜻蜓、独角仙、萤火虫等。

和鹿角虫令小男孩们大感兴奋。孩子们将雄性甲虫放在微型"角斗场"里一决胜负，或者让它们在"举重比赛"中对抗。鞘翅目昆虫的市场不断扩大，饲养昆虫也成了季节性的热门活动。对活昆虫的体验曾经是——并且现在再次成为——教育儿童认识季节变化、死亡、生物多样性和培养儿童生态意识概念的手段。

让人意想不到的是，人们口中的昔日传统转变为今天的商业昆虫产品，非但没有让"Mushi"失去魅力，反而让这种历史悠久的做法收获了更多的崇敬之情。电子宠物机"拓麻歌子"大受欢迎，相关书籍和游戏广受追捧；"精灵宝可梦"更是家喻户晓，在全球都有大量的狂热"粉丝"。不过，在日本，所有对这些电子生物的喜爱都无法与人们对活昆虫的迷恋相提并论。

Myrmecophiles

蚁　客

蚁群是一种复杂的社会性结构，为其他昆虫提供了觅食、居住和躲避敌人的机会。嗜好蚂蚁的生物也被称为

“蚁客”，它们与蚂蚁形成了多种形式的共生关系。

甲虫、蝇类、蝽象和蜂类可能是种类最丰富的蚁客。甚至有些蝴蝶的毛虫也会在蚁穴中完成它们的生命周期。这些蚁客中，有一些是无害的寄食昆虫，这些“客人”对“主人”的影响很小，多半只是在地下蚁穴的废物堆中觅食，或者从蚂蚁成虫或幼虫那里获取反刍食物；其他蚁客则以蚂蚁的卵为食。与蚂蚁形成互利共生关系的蚁客通常为蚂蚁提供食物，以此来换取“主人”的保护。蚜虫、角蝉和一些蝴蝶毛虫为蚂蚁提供香甜的分泌物（蜜露），工蚁则充当它们的保镖，赶走捕食者和拟寄生物。

利用蚂蚁的昆虫物种进化出了复杂的解剖结构和行为，要么能躲过蚁群内的检查，要么有办法中止蚂蚁的对抗行为。其中有些昆虫仅靠模仿其寄主的气味就能蒙混过关。许多与蚂蚁生活在一起的甲虫都长有厚重的甲壳和可伸缩的附肢，因此可以承受蚂蚁的蜇咬。还有一些昆虫长有特化的触须或被称为“毛状体”的特殊细毛，这些毛可以释放化学物质，抑制蚂蚁的攻击行为，并刺激其反刍。这类昆虫也会通过其他方式分散蚂蚁的注意力，或让它们相信这些外形奇怪的家伙也是蚁群的一员。

由军蚁组成的游猎蚁群看上去最不可能容纳蚁客，

但其实，游猎蚁群里混着大量盗食者、舐食者、捕食者和拟寄生者。蚁群的"旅伴"中，隐翅甲虫和蚤蝇的种类最为丰富，其中一些甲虫外形上与蚂蚁极其相似，几乎能以假乱真。

M

弗拉基米尔·纳博科夫

著名小说家、《洛丽塔》的作者弗拉基米尔·纳博科夫是一位卓有成就的鳞翅目昆虫学家。他的经历也是下述理念的真实写照：一个人无须对现实做出过多妥协，也可以在之后的人生中实现童年时代的追求。

根据纳博科夫本人的说法，他6岁那年就迷上了蝴蝶和飞蛾。对出身贵族家庭的他来说，高品质的书籍随手可得，比如，家里那套玛利亚·西比拉·梅里安的《苏里南昆虫变态图谱》就是祖辈留下来的。纳博科夫十几岁时就开始阅读昆虫学期刊，并试图将以肉眼观察形态为基础的德国老式分类学标准与注重使用显微镜观察细节的英国新式研究方法结合起来。他被昆虫的模仿和伪装迷住了："我在自然中发现了我在艺术中所追求的那种毫无功利之心的乐趣。它们都是某种形式的魔法，是一场复杂精微的魔术和欺骗游戏。"

纳博科夫于1940年抵达美国，后迁往马萨诸塞州剑桥，在哈佛大学比较动物学博物馆做志愿研究工作。纳博科夫将蓝灰蝶的亚种、罕见的"卡纳蓝蝴蝶"重新分类，并命名为 *Lycaeides melissa samuelis*。这使他得到了一个有薪水的职位，并于 1942 年至 1948 年主持蝴蝶收藏馆的工作，实际上相当于馆长。纳博科夫对北美的整个灰蝶属（*Lycaeides*）进行了重新梳理，并于 1945 年提出假设：大约在 1000 万年前，美洲大陆所有的眼灰蝶亚属（*Polyommatus*）热带蓝灰蝶都来自共同的亚洲祖先。值得注意的是，2011 年发表的一篇论文利用分子 DNA 分析和其他现代技术手段证实了纳博科夫的这一猜测。

纳博科夫在世时，几乎没有得到专业科学家的认可，大部分专业人士认为他充其量不过是个业余科学家罢了，对他的理论和"分裂"物种的倾向更是嗤之以鼻。今天，有 20 多种蝴蝶是以他小说中的人物命名的。

Nasute Termites
象白蚁

用已故化学生态学家托马斯·艾斯纳博士的话来说，白蚁科象白蚁亚科（Nasutiterminae）的兵蚁"活像移动式喷枪"。每只兵蚁都长有一个象鼻状的结构，可以发射化学物质御敌。这些"高等白蚁"进化出此类武器，可能是专门用来对付最致命的天敌——蚂蚁。不过，有得就有失。它们虽然有"象鼻"，但口器萎缩，必须靠工蚁喂养过活。

象白蚁亚科昆虫分布于世界各地的热带和亚热带地区，主要以地衣、落叶、嫩枝、嫩芽和其他植物部分为食。一些象白蚁物种生活在地下，另一些则在半空中筑巢。在澳大利亚，一些象白蚁会制造巨大的蚁丘。大多数象白蚁会建造从巢穴通往食物来源并且带有"顶篷"的觅食通道。

艾斯纳和同事们在巴拿马从澳桉象白蚁（学名 *Nasutitermes exitiosus*）兵蚁发射的"有毒弹药"中成功分离出了几种化合物，发现其中包括易挥发、具有芳香气味的萜烯类，这类物质对其他昆虫具有极强的刺激性。混合物中还含有复杂的二萜类化合物，正是它们令喷射物具有黏性和毒性。兵蚁将这种混合物喷出来，形成一条细密、黏稠的喷射线。被喷到的敌人动弹不得，通常就此死亡。

这种有味道的喷射液还有另外两项功能：第一，含有报警信息素，提醒工蚁，兵蚁正在与敌人交战；第二，散发招募信息素，将更多兵蚁集结到交战的位置。起先，

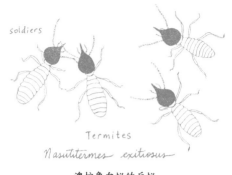

soldiers

Termites

Nasutitermes exitiosus

澳桉象白蚁的兵蚁

只是一名"枪手"出击，之后队伍迅速扩大，升级成全方位的"行刑"小分队，将入侵者团团围住。

　　甚至连食蚁兽等食虫哺乳动物，在闯入蚁穴或误入象白蚁的觅食通道时，也会很快败下阵来。某些种类的蚂蚁仍然是象白蚁的专性捕食者，它们已进化出战略上的"作战安排"，从而压制并最终战胜它们强大的猎物象白蚁。

National Moth Week
国家飞蛾周

　　飞蛾饱受成见之苦。在我们眼中，它们啃食衣物，在谷物里大肆繁殖；它们色彩单调，平平无奇；它们的幼虫是农田和花园里的害虫。尽管事实上，只有少数飞蛾能被贴上这些标签，但我们还是坚持采用喷洒杀虫剂、放置灭虫灯的方法来对付它们。于是，"国家飞蛾周"应运而生。这项在每年7月最后一周举行的活动，已经成了全球性的公民科学盛事。

"飞蛾周"这个构想是大卫·莫斯科维茨（David Mos-kowitz）和利蒂·哈拉马蒂（Liti Haramaty）提出的。2005年以来，他们一直代表"东不伦瑞克（位于新泽西州）之友"环境委员会举办"飞蛾之夜"公共活动。这些活动很受欢迎，每次能够吸引30人到50人——以及多不胜数的飞蛾——前来参加。

在看到脸书上的"飞蛾和观蛾"群组热度大涨之后，2011年，莫斯科维茨和哈拉马蒂更进一步，以夜间活动的鳞翅目昆虫为观察对象，策划了一场全国性的观蛾周活动。一年后，美国本土的48个州和夏威夷州，以及墨西哥、欧洲多国与印度都登记了公共和私人性质的观蛾活动。这些活动的目标是什么？——收集数据以增加我们对蛾类物种分布的理解，并评估脆弱物种的种群水平。

只需打开门廊灯，就能吸引到大量的天蛾、大蚕蛾、灯蛾、尺蠖蛾和夜蛾群体。甚至城市地区也可能存在大量蛾类物种。炎热、潮湿又没有月光的夜晚是最佳的观测时间，不过任何寻常的夜晚都有蛾类出没。

在网站"探索夜间自然"（Exploring Nighttime Nature）上，就有国家飞蛾周活动的页面，可以查询相关活动的位置信息。它还提供了设置灯光的操作说明、"撒糖捕蛾"用到的食物配方。网站上的其他资源可以帮助你辨别被吸引来的蛾类品种。别忘了用相机或手机给飞蛾拍照，并将照片上传到iNaturalist网站上当年的国家飞蛾周项目版块。

另见词条：翼下蛾（Underwing Moths）。

Neoteny
幼态延续

有些昆虫肯定是整个化妆品行业羡妒的对象。它们可以在保持年少特征的同时达到性成熟，这种"青春永驻"的状态被称为"幼态延续"。这种现象有时也发生在脊椎动物身上，比如美西螈（axolotl）[1] 和其他保持水生特性而没有变态为水陆两栖的蝾螈。

就昆虫而言，出现幼态延续的几乎总是雌性。雌虫在变态过程中不产生翅膀和其他成虫特征，从而将代谢能[2] 节省下来，之后再将这些能量用于生育更多的后代。

常见的幼态延续昆虫有光萤科的甲虫发光虫；萤火虫（萤科）也表现出不同程度的幼态延续，雌虫就像光萤科昆虫一样呈现幼虫态。因为许多不能飞的雌虫是专性捕食者，比如光萤科的很多物种专吃马陆，许多萤火虫只吃蜗牛；所以，如果食物来源或栖息地遭到破坏，它们很容易就会灭绝。

蓑蛾科的大部分雌性蓑蛾以幼虫状成虫的形态从蛹中孵化出来，之后就再也不会离开它们的茧。种群散布的任务是留给刚刚从卵中钻出来的小毛虫的。这些幼虫从口部吐出丝线，乘着风飘向适合的寄主植物，由此完成散布。

雌性昆虫幼态延续的一个例外是嗅小蠹属（*Ozope-*

1　美西螈指的是墨西哥钝口螈，是墨西哥特有的两栖动物，因外貌独特和幼体性成熟而著称。在世界自然保护联盟濒危物种红色名录中被评为极危物种。

2　代谢能，是生物体直接用来建造自身或维持生命活动的能量形式，所有生物体内都存在将其他形式的能量转化为代谢能的过程。

mon）。这些甲虫会进行同胞交配，这种近亲繁殖的后果就是，雌性在后代的性别比例中占比畸高。雄性比雌性矮小，体形扁平，腹部为幼虫形。在演化之路的某个节点，一些小蠹（象鼻虫科小蠹亚科）成了单倍二倍体[1]，雌虫能够产下可孵出雄虫的未受精卵——它们终于不需要在散布之前与自己的同胞交配了。

Niña de la Tierra
地球之子

这种沙螽科的大型无翅昆虫别名众多，"耶路撒冷蟋蟀"（Jerusalem cricket，又叫耶路撒冷沙螽）就是其中之一。不过，它们既不是蟋蟀，也并非原产于耶路撒冷。它们是蝗虫和螽斯的远亲，是新西兰昆虫威塔庞加（wetapunga）[2] 在新大陆的姐妹。

1　单倍二倍体昆虫的未受精卵发育成雄性，受精卵则发育成雌性。——编者注

2　威塔庞加指的是巨沙螽。"威塔庞加"来自毛利语，意思是"丑陋之神"。这种巨型昆虫体重可达 70 克，是新西兰特有物种。

Jerusalem cricket
Stenopelmatus sp.

耶路撒冷蟋蟀
沙螽属（*Stenopelmatus* sp.）

　　在墨西哥，它们被称为"地球之子"，这是因为它们硕大无比的头部呈球状，与人类婴儿的头部惊人地相似。纳瓦霍人把这种昆虫叫作"wohseh-tsinni"，意在表明这种昆虫与"秃头老人"颇为相像。根据一些权威人士的说法，圣方济各传教士错误地翻译了纳瓦霍语，这才导致了"耶路撒冷蟋蟀"这个名字的出现。学者杜特（Richard L. Doutt）则认为，这个名字可能源于19世纪一些诅咒语替代词——"Jerusalem"和"crickets"，这些词都是孩子们见到令他们震惊的生物体或自然现象时经常说的脏话。

　　"马铃薯甲虫"是沙螽科沙螽属昆虫广为流传的另一

个别名，尤其是在美国加利福尼亚州。不过，"耶路撒冷蟋蟀"其实是杂食性动物，不会只挑植物的根和块状茎来吃。它们的其他俗名还有"骷髅虫""沙蟋蟀"等。

沙螽属昆虫集中分布在加拿大西南部至哥斯达黎加地区。人们已经鉴定出其中 14 种，直到 2002 年，加州科学馆[1]的大卫·魏斯曼（David Weissman）确定，还存在另外 46～66 种，其中许多物种就生活在南加州的沙丘带中。人们只能通过行为的差异来区分不同品种的"耶路撒冷蟋蟀"。它们都通过腹部敲击地面发出的咚咚声来进行交流，但每个物种的敲击模式各不相同。

"耶路撒冷蟋蟀"需要将近 2 年的时间才能发育成熟，营养不良或受到寄生虫影响时，生长期会延长至 5 年甚至更长时间。无论何时，只要它们从岩洞里露出头来，或从石头和地上的其他碎石渣土下面爬出来，就可能成为猫头鹰和蝙蝠的美餐。它们惯用的防御之道是用强壮而有刺的足快速挖掘，或者仰面翻腾，可怕的大颚开开合合，同时足部乱蹬。

另见词条：巨沙螽（Weta）。

---

1 加州科学馆创建于 1853 年，是目前世界上最大的自然科学博物馆。

Nuptial Gifts
献礼行为

　　昆虫没有新婚礼物清单，但它们求爱时也会动用"彩礼"。这可能是雄虫在雌虫主宰的昆虫交配体系中夺回主动权的一种方式。在交配前、交配期间或交配之后献上礼物的雄虫，目的是显示它们就是雌虫的佳偶，确保雌虫的后代携带其基因，或推迟雌虫接纳其情敌的时间——尽管这可能终将发生。

　　舞虻科的某些雌性舞虻成虫自己并不捕猎，而是以雄虫捕获并主动献上的猎物为食。雄虫在半空中集结成交配群，每只个体都卖力炫耀自己的猎物，这是它们勇猛的例证。喜舞虻属（*Hilara*）的很多舞虻将猎物裹在前足腺体分泌物形成的丝质"茧房"中，趁着雌虫拆"饭盒"的工夫，雄虫就可以"忙活起来"了。有些舞虻属（*Empis*）的雄虫更狡猾，它们不去捕猎，而是用装着自己唾液的"空饭盒"行骗。蝎蛉（食腐性昆虫）和蚊蝎蛉（捕食性昆虫）也有类似的行为，雄虫向雌虫献上食物或者唾液。

　　许多螽斯类的雄虫在交配时会为雌虫提供一个精护，这种胶状物质带有一个精子包，为雌虫产卵补充营养。这可是一项重大投资。在欧洲硕螽属（*Ephippiger*）中，精护的重量可相当于雄性螽斯体重的 40%。为了保证投资物有所值，雄虫在选择配偶时挑三拣四就不难理解了。雄虫会拒绝体重过轻的雌虫，因为它们认为体重不足则表明生育能力较低。

当然，最终极的礼物，还是将自己作为礼物。这就是某些昆虫物种中出现的性食同类现象。性食同类最出名的例子就是螳螂了。在某些物种中，雄虫被雌虫斩首可以获得更好的交配表现，因为这消除了交配过程中的抑制性冲动。山艾圆翅鸣螽（学名 *Cyphoderris strepitans*）的雌虫在交配后会吃掉配偶残存的后翅，之后还可能啃食它的前翅。

O

Ootheca

卵　鞘

昆虫的卵很容易成为捕食者的目标，因为它们不能活动，且富含蛋白质。很少有昆虫会看管它们的卵，但大多数昆虫都会以某种方式将卵藏起来。螳螂和蟑螂将卵块裹在一个结实的囊里，这就是"卵鞘"。

从技术层面来说，其他昆虫也能制造"卵鞘"。这些"卵鞘"的共同点是，卵结成一团，置于雌性成虫腹部副性腺分泌物形成的基质中。蝗虫将卵荚埋在土里，某些龟甲和至少一种竹节虫也会制造卵鞘，食虫虻科的某些竹节虫和角蝉科的某些角蝉用泡沫状的物质覆盖它们的卵，某些猎蝽物种则用富有黏性的物质将卵固定在一起。不过，与螳螂和蟑螂的卵鞘相比，这些东西是否能够作为真正的卵鞘，人们还持有不同的观点。大部分卵鞘的主要功能是防止卵干燥。

卵鞘并不能万无一失地保护卵不受捕食者或拟寄生物的伤害。旗腹姬蜂科的旗腹姬蜂在幼虫期就开始掠食蟑螂卵了。母蜂将自己单粒的卵插入蟑螂的卵鞘，旗腹姬蜂幼虫孵出来之后，就会吃掉卵鞘内的蟑螂卵。在广腹细蜂科中，螳寄广腹细蜂属（*Mantibaria*）的雌蜂会落在雌螳螂身上，一直等着后者的卵鞘开始形成。去掉翅膀的雌蜂能在螳螂泡沫状的卵鞘变硬之前钻进去，在螳螂的卵中产下自己的卵。

有些物体经常被误认作卵鞘，卵块也时常被人们当成茧或虫瘿。某些真菌和黏菌看起来很像昆虫的产物，它们渗出的泡沫和相关合成物质乍一看就像昆虫的卵块。

Ovipositor
产卵器

昆虫在解剖学上的一个革命性发展就是产卵器的进化。产卵器使雌性昆虫得以将其脆弱的卵隐藏在某种基质内，放在寄主表面或直接置于寄主体内。更令人感到惊奇的是，这个器官还变成了一种有毒的武器。

产卵器可以是一个很简单的结构，比如多种蝗虫、大多数甲虫、很多飞蝇物种等昆虫腹部套叠形成的产卵器[1]；

1　这种由腹末体节套叠而成的管状结构可以伸缩，无法穿透寄主的表皮，只能将卵产在寄主的表面，称为伪产卵器。

也可以更加高级，这类产卵器可以在蜻蜓、蜻蛉、螽斯、蟋蟀、蝉和叶蝉等昆虫，以及某些蝇类和叶蜂身上见到。这些昆虫的产卵器结构复杂，由腹部末端的数个体节特化而成，专门用于伸入土壤或穿透动植物组织，这些刀状、矛状和鞭状的附肢看起来很像螫针，但真正用作武器的螫针在不使用时通常是缩在腹内的。

高级的产卵器不是单一且固定不动的附肢，而是由两个或多个产卵瓣构成的。每个产卵瓣由其底部的腹肌控制，可以独立活动。额外的产卵瓣可能在产卵器侧边形成由两部分组成的鞘，比如姬蜂产卵器两边的鞘。当昆虫在致密的木材上"钻孔"以接触寄主幼虫时，这种鞘也可以作为支撑结构，类似于油井的井架。

起初，螫针及相连的毒腺经过进化，可以输送毒素，暂时麻痹寄主，使其动弹不得，从而让雌虫更容易在无力反抗的受害者身体表面或组织内部产卵。之后，螫针和毒液逐渐成为使寄主永久瘫痪的手段，于是蜂类便可以将寄主运走藏起来，以防其他动物盗取它们的胜利果实。最终，随着社会性的到来，一些蜂类、蚂蚁不仅将螫针变成了自卫的武器，更重要的是，还用它们来保护弱小无助的后代——巢穴内的卵、幼虫以及蛹。

Periodical Cicadas

周期蝉

周期蝉属（*Magicicada* sp.）包括 7 种美国特有的周期蝉，其中 3 个种的生命周期为 17 年，其余 4 个种的生命周期为 13 年。群体同时出现的可预测性，以及巨大的个体数都令周期蝉显得与众不同。

在同一年内同时出现的周期蝉分散种群构成了一个"群"（brood），共 23 个群，每个群都用一个罗马数字表示。一些群分布广泛，另一些则生活在很小的范围内，还有一个群已经灭绝。每个群通常包含一种以上的物种。与大多数蝉一样，雄蝉的鼓膜器官位于腹部充满空气的腔室中，可以发出响亮的鸣声。蝉是唯一能用真正的"打击乐器"发出鸣声的昆虫。周期蝉集体现身时，震耳欲聋的鸣声堪比老科幻电影里飞碟的嗡嗡响声。

除了活着时制造的喧闹声，以及死去后尸体腐烂散发的气味，可以说，周期蝉是非常温和的昆虫。雌性在树上挖出缝隙产卵，这个过程会破坏树枝，造成"萎垂"，卵下结疤的枝叶会变成棕褐色并死亡。若虫从卵中孵化出来，掉落在地上，钻入土壤。接下来的 13 年或 17 年里，

Magicicada sp.

周期蝉属

它们都将在土壤中度过，靠吸食植物根部的汁液为生。

　　为什么它们的生命周期是一个如此漫长的奇数周期？这仍然是一个未解之谜。也许，这是一种躲避致命性寄生虫的演化方案。即便是这样，也还是有一种真菌会导致周期蝉成虫大量死亡；鸟类、哺乳动物、爬行动物（甚至铜斑蛇）和其他动物也都以它们为食。连人类都是如此：易洛魁人捕捉它们当作食物。煸炒后的周期蝉若虫尝起来很像虾肉或芦笋罐头。你不妨去"我为蝉狂"（Cicada Mania）网站了解更多有关周期蝉的信息。

Pesticide Treadmill

杀虫剂跑步机

人类固执地以为化学杀虫剂是防治农作物病虫害的不二法门。这种预设已经带来了累不胜数的问题，其中之一就是目标害虫对毒素产生耐药性。

罗伯特·范·登·博施在其出版于1978年的著作《杀虫剂阴谋》中创造了"杀虫剂跑步机"（pesticide treadmill）一词。它表明的原理是，施用杀虫剂揭示出目标害虫种群中的部分成员对这些毒素具有耐药性；这些个体死里逃生，之后又繁殖出耐药性更强的下一代。于是，人们就要施用更多杀虫剂，或采用更有效的新杀虫剂。就像站在跑步机上永无终点一样，杀虫恶性循环就此形成，人们永远无法在这场争斗中占据上风。

杀虫剂不仅能杀死既定的目标害虫，也会杀死其捕食者和寄生虫，而它们通常能在一定程度上实现对目标害虫的辅助防治作用。施用杀虫剂后，具有耐药性的个体没有了后顾之忧，于是大肆繁殖，直到它们的天敌数量恢复起来（如果还能恢复的话）。2019年发表在《生态学》（*Oecologia*）期刊上的一项研究证实了这一点。该研究观察了哥斯达黎加的蚊子，它们能在积蓄雨水的凤梨科植物中繁殖。将乐果农药滴入植物"水库"确实杀死了部分蚊子幼虫，但并没有将它们一网打尽。幸存的幼虫无须面对兄弟姐妹的竞争，反而吃得更多、长得更好。本可以捕食它们的豆娘幼虫却被杀虫剂彻底消灭干净。

即使是所谓"成功的"病虫害防治行动，也可能带来无法预见的后果。人们抑制某一种害虫的同时，可能就让另一种害虫得到了释放。20 世纪 40 年代末，为控制棉铃象甲虫害，得克萨斯州南部和东边邻近各州的棉花种植园使用了 DDT、西维因和谷硫磷。其结果是，20 世纪 50 年代初，棉铃虫和烟草夜蛾成为棉花的新的主要害虫。

另见词条：生物防治（Biocontrol）；有害生物综合治理（Integrated Pest Management）。

Pheromones
信息素

关于信息素，人们大多持有一种普遍的假设，即信息素就是雌性为吸引雄性而散发的性"香味"，仅此而已。但事实上，信息素多种多样，在同一物种的个体之间发挥着一系列重要的功能。

"信息素"一词由希腊语"pherein"（"携带"或"转移"之意）和"hormon"（意为"令人兴奋的"）组合而成，因此大致翻译为"兴奋载体"。信息素主要分为两类：一类是直效信息素，这是我们比较熟悉的类型，它对释放信息素的个体没有影响，但会引起接收者的行为反应；另一类是启动信息素，它会引发接收者的生理变化，主要影响生理发育，多见于群居的社会性昆虫。

信息素由复杂的分子构成，这些分子承载着巨量的信息。对雌蛾来说，制造信息素所花的力气比到处寻找雄蛾耗费的要少。就雄虫而言，它有必要让雌虫相信它是值得托付的伴侣，于是就会释放信息素告诉雌虫：它身强体壮，或是有能力在交配中将具有防御作用的化学物质传递给雌虫。雌虫需要利用这种化学物质来保护它的卵。

许多昆虫都利用聚集信息素将更多的特定性别个体或两性个体吸引到特定的位置，比如某些小蠹就会这么做。信息素可以让大量松甲虫聚集起来，从而拥有"干掉"树木、用树脂淹死蛀虫的防御能力。只有树脂耗尽时，松甲虫才算彻底占领树木。一旦它们占领树木，就会释放反聚集信息素让其他甲虫知难而退。

社会性昆虫会使用多种信息素。成功觅食归来的侦察蚁会留下踪迹信息素，刺激其他工蚁做出跟随行为，从而加强觅食通道的顺畅度。当蜂巢受到攻击时，蜇刺行为会释放示警信息素，提醒整个蜂群注意威胁，同时招呼更多的工蜂冲上御敌前线。

另见词条： 毛笔器（Hair-Pencils）。

Phoretic Copulation
携　配

有些雄性昆虫能将配偶迷得神魂颠倒，站不住脚。[1]这可不是夸张，在雄虫有翅而雌虫无翅的昆虫物种中，经常会举办"六足离地"的"高空俱乐部"活动。

1　这里的原文"sweep their mates off their feet"为双关语，直译为将人扫出立足之处，比喻征服某人、让人为之倾倒。

携配这种独特的交配方式在独居蜂中屡见不鲜，前提是雄蜂的体形大过雌蜂许多。膨腹土蜂科（Thynnidae）、蚁蜂科（Mutillidae）和肿腿蜂科（Bethylidae）的物种会进行携配，臀钩土蜂科（Tiphiidae）的某些物种也会采取这种交配方式。

澳大利亚的雌性无翅膨腹土蜂从携配中所获颇丰，因为雄性膨腹土蜂会通过以下三种方式中的任意一种为其配偶提供食物：其一，交哺（trophallaxis），即直接将食物反刍送到雌蜂口中；其二，将食物存在"下巴"底下，任由雌蜂取食；其三，带着雌蜂飞到有花蜜的地方。雌蜂会爬上花茎，摆出"呼唤"的姿势，同时释放信息素，吸引雄蜂采取行动。

膨腹土蜂科和蚁蜂科"夫妇"的身体接触从雄蜂用下颚抓住雌蜂头部后方的胸部开始。在某些蚁蜂物种中，雄蜂可能会用前足抚摸雌蜂的胸部，并用中足和后足的根部与雌蜂的腹部接触，这些动作可以触发雌蜂做出反应，调整腹部的位置，从而便于双方的生殖器官连接。在携配的飞行过程中，雌蜂是乘客，面部朝前或朝后，全程一动不动。交配行为可能在飞行途中发生，也可能在降落后才进行。

其他昆虫的"双虫滑翔"并不能构成携配。因为在这种串联飞行中，要么两性昆虫都参与飞行，要么雌虫或雄虫主导飞行。无论是携配还是串联飞行，都是保护配偶的一种方式：雄虫通过剥夺雌虫与其他雄虫交配的机会来保障自己的"遗传投资"不会打水漂。

Pine Processionary Caterpillars
松毛虫

松异舟蛾（学名 *Thaumetopoea pityocampa*）的幼虫以危害欧洲南部、非洲北部和中亚地区的森林树叶而出名。它们的毛发对人体具有很强的刺激性，接触后令人痛苦难当。

虽然自从法布尔观察毛虫并进行粗略的实验以来，我们对这种物种已经有了更深入的了解，但他在《毛虫的故事》（*The Life of the Caterpillar*，1916 年出版）中对这种昆虫的描写至今依然引人入胜。夏天，雌蛾产下包含大约250 粒卵的卵块，并用腹部末端的鳞片将其伪装起来。孵化出来的毛虫要经历 5 个龄期，才能最终蜕皮变成蛹。

松异舟蛾毛虫从第三个龄期开始出现头尾相接、排成一列行进的列队行为。毛虫进入 3 龄期时已是深秋，它们吐丝结成一张大丝网，成百只地聚集在一起。夜晚，它们会一只跟着一只离巢觅食，从口部吐出一条丝，并从身体末端分泌踪迹信息素。最终，每一只毛虫都能找到属于它的一簇松针为食。晚春时节，毛虫从树上爬下来，白天在地面上四处徘徊，寻找适合化蛹的地点。这时候引人注目的列队行进与它们排队觅食的行为是不同的。它们这时候列队行进，不是因为沿着信息素或"丝路"前进，而是因为受到了前一只毛虫尾部刚毛的刺激。然后它们会钻入土壤，在离地表几英寸的松散茧中单独化蛹。

如果你遇到一队松异舟蛾毛虫，千万要抑制住自己的好奇心。每只松异舟蛾毛虫体表都覆盖着具刺刚毛，这些刚毛很容易穿透人的皮肤。除了机械刺激外，毛刺中还至少含有 7 种过敏原，会导致痛感强烈的接触性皮炎。对容易

Pine processionary larvae
Thaumetopoea pityocampa

松异舟蛾毛虫

过敏的人群来说，它们甚至会引发危及生命的过敏性休克。

另见词条：让 - 亨利·法布尔 [Fabre，Jean-Henri（1823—1915）]；
信息素（Pheromones）；螫毛（Urticating Hairs）。

Pollinators

传粉昆虫

在养蜂业的推动下，"拯救蜜蜂"已经成为一项全民
活动。自然环境保护主义者则指出，本土的独居蜜蜂物种
以及其他传粉昆虫，面临着更大的麻烦。

大部分昆虫都是"访花者"，它们访花是为了吸取
花蜜。授粉可能会在昆虫吸食花蜜的过程中完成，也可
能不会。包括短舌蜂在内的一些昆虫属于盗蜜者，它们
会撕开花朵深而狭窄的花冠喉，绕过花药、雌蕊和雄蕊，
径直取走花蜜。最理想的传粉者是采食花粉或积极收集
花粉的昆虫，包括甲虫，一些蜂类、蛾类，以及袖蝶属
（*Heliconius*）的蝴蝶。

除了有能够吸引人类的颜色，花朵还会展示"蜜源

标记"（nectar guides），这些图案只在紫外光下显现出来，只有昆虫才能看到（人类肉眼是看不到的）。我们也喜欢花朵的香气，但有些花朵会模拟腐肉的臭味，吸引蝇类为其充当传粉者。众多花卉设计了巧妙的陷阱来引诱传粉昆虫，或是采取某种动力学的机制将花粉精确地传递到昆虫身上的某个部位。

很多农作物都依靠昆虫来传粉。如果你喜欢吃无花果，那就要感谢榕小蜂。如果你爱吃巧克力，那应该向蠓虫脱帽致意。类似的例子不胜枚举。然而，现代工业化农业生产的规模之大，令本地传粉昆虫应接不暇，这同时危及了耕地和野生生态系统。木材、化石燃料和城市化等其他人类需求对栖息地的破坏，以及气候变化、蜜蜂等外来物种的引入和杀虫剂的持续使用，都让传粉昆虫的生活危机四伏。要改善这种状况，个体消费者可以通过良知消费来贡献一份力量；土地所有者也可以利用本地植物来恢复当地生态系统，进行园林美化。

另见词条：榕小蜂（Fig Wasps）；蜂鸟蛾（Hummingbird Moths）；拟交配（Pseudocopulation）；薛西斯协会（XercesSociety）；丝兰蛾（Yucca Moths）。

Pseudocopulation

拟交配

植物与昆虫的协同进化催生出了一些惊世骇俗——如果不能说它们尴尬十足的话——的关系。有些植物为了确保其花朵受精，会诱骗雄蜂与它们交配。这就是拟交配，也称假交配、假抱合。

最著名的例子就是在俗名为镜子兰的角蜂眉兰（学名 *Ophrys speculum*）周围飞舞、意外与其花朵发生亲密关系的蜂。角蜂眉兰大多分布在地中海地区，其唯一的传粉者是一种名叫纤毛土蜂（学名 *Dasyscolia ciliata*）的土蜂。对雄蜂来说，花朵的外观、气味甚至触感都像极了雌蜂。富有光泽的蓝色花瓣完美地模拟了雌蜂色泽闪耀的翅膀；花香闻起来就像雌蜂为吸引求偶者而释放的信息素的气味。雄蜂落在花朵上，触觉刺激更让它进一步确信，它们就是天作之合。雄蜂企图交配的动作会触发花朵将一两个花粉囊黏附在它的面部。雄蜂被骗后痴心不改，落入下一朵花的圈套时，就顺势将前朵花的花粉抹在了上面。

从日本到南美洲，还有其他很多种兰花采取这种欺骗策略。在澳大利亚，隐柱兰属（*Cryptostylis*）的两种舌

Scoliid wasp
Dasyscolia ciliata

纤毛土蜂

兰只能由名为优异舌姬蜂（学名 *Lissopimpla excelsa*）的雄性姬蜂完成传粉。舌兰对雌蜂的模仿几乎以假乱真，雄蜂甚至会射精到花朵上。另一种原产自澳大利亚的兰花飞鸭兰（学名 *Caleana major*）则伪装成澳洲茶树蜂属（*Lophyrotoma*）的雌性筒腹叶蜂。

马利筋属植物也会将花粉包裹在花粉囊中，不过，任何力气够大、能将黏糊糊的花粉带走而不被困在花里的昆虫都能成为其传粉者。与兰花一样，效率最高的马利筋传粉昆虫大多是体形较大的蜂。

另见词条：传粉昆虫（Pollinators）。

Queen

王　后

　　社会性昆虫可不像我们这样痴迷于皇室，但在其种群之内，确实有一类分工，要求一只或多只雌性昆虫专门负责为群体产卵繁殖。我们将这些雌虫称为"王后"。在社会性胡蜂、蜜蜂和蚂蚁群体中，它们叫作"gyne"，意思是"蚁后"或"蜂后"。

　　有些昆虫在生活方式上与拥有"王后"的群体多有相似之处，但它们其实并没有真正的"王后"。比如，蚜虫群体只有"干母"。春天，"干母"会从冬季产下的卵中孵化出来。其父母是有性繁殖，但它本身将通过孤雌生殖（不经交配而产下可存活的后代）来创造下一代。然后，"干母"会繁殖出一个全新的蚜虫群体，但这个过程不涉及群体分工。

　　胡蜂蜂群可以由一只或数只雌蜂建立，但最终会有一只雌蜂借助身体优势以强凌弱，占据统治地位。蜂后的雌性后代是卵巢尚未发育的工蜂。起先，它们会协作养育兄弟姐妹；最终，它们会成长为下一代蜂后。

　　蚂蚁、蜜蜂和胡蜂有一种独特的性别决定模式，叫作"单倍二倍性"。这意味着雌性后代由受精卵产生，雄性后代则是未受精卵的产物。不具备生殖能力的雌性工蜂可产下能够孵出雄蜂的卵，如果蜂后死亡，这种情况就可能发生。

也有一些蚂蚁物种通过与胡蜂类似的方式来建立蚁群，不过很多蚂蚁物种会发展出巨大的蚁群，同时拥有多个巢穴和多个蚁后。每隔一段时间，就会有大量雄蚁和未交配的雌蚁成群飞离现有蚁群，它们通过这种方式来实现种群扩散和新蚁群的建立。两性都有翅，没有亲缘关系的蚁群会同时成群飞出，以避免近亲繁殖。

白蚁是唯一有一位雄性成员与蚁后进行交配的社会性昆虫。一只"蚁王"一生中会多次与蚁后交配。对某些热带物种的蚁后来说，这段姻缘可能会超过40年。

Rain Beetles

雨甲虫

在北美西海岸，生活着一些与周期蝉生命周期类似的甲虫。毛金龟属（*Pleocoma*）的 26 种雨甲虫（即毛金龟）集中分布在华盛顿州西南部到下加利福尼亚州北部地区，大多数生活在偏远的山区或山谷之中。

毛金龟科曾经是金龟科的一个子类。该科昆虫的外形与"六月虫"（June bugs，即六月鳃角金龟）相似，呈富有光泽的红棕色或黑色，腹部覆有一层浓密的绒毛。成虫不进食，口器退化，没有消化道。雄虫通过燃烧幼虫期贮

Rain beetle
Pleocoma puncticollis

雨甲虫
即毛金龟（学名 *Pleocoma puncticollis*）

存的脂肪来获得能量，并四处飞行寻找雌虫——体力可能只够支撑 2 小时。雌虫体形更大，无飞行能力。雌虫留在幼虫期生活的巢穴之内或附近，释放信息素吸引求偶者。大多数物种在深秋、冬季或早春的黎明前或黄昏时分羽化为成虫，特别是在大雨或降雪融化之后[1]。

在短暂的交配狂欢过后，雄虫死亡，雌虫钻入洞穴深处。雌虫的卵可能需要好几个月的时间才能成熟，不过雌虫最终会在洞穴中产下 40～50 粒卵，这些卵皆以螺旋状排列。蛴螬（即幼虫）大约在 2 个月内被孵化出来，钻到地下 3 米深的位置，以乔木、灌木的根部和草根为食。像蝉的若虫一样，它们慢慢地长大，蜕皮 7 次或更多次。雨甲虫需要 8～15 年才能长为成虫。

我们与毛金龟之间的关系充满矛盾。一方面，它们是果园里的害虫，因为蛴螬会啃食果树的根；另一方面，它们又是如此独特，以至于"鲁弗斯雨甲虫"（"Rufus"rain beetle）曾被提名为俄勒冈州的州虫。

R

另见词条： 周期蝉（Periodical Cicadas）。

1　正是因为在雨雪过后开始活动的特性，所以毛金龟的俗名叫作雨甲虫或雪甲虫（rain beetle or snow beetle）。

RIFA

红火蚁

历史上，人类殖民者入侵异域的土地，成为当地人厌恶的外来者。昆虫也是一样。"RIFA"是 Red Imported Fire Ant（入侵红火蚁）的缩写。红火蚁，学名 *Solenopsis invicta*，是美国南部危害最严重的入侵物种之一。在这里做出明确的区分是很重要的，因为美国还有 4 种原产于本土的火蚁。

红火蚁原产于南美洲，20 世纪 30 年代或 40 年代初随着用于压载船舱的土壤，抵达阿拉巴马州莫比尔。它们很快就适应了这片湿热家园的季节性洪水，蚁群成员可以用自己的身体组成活体救生筏，漂浮到新的地方建巢穴，以此来抵御洪水。红火蚁四处为家，可以在空地、公园、花园和农场等各类栖息地繁衍生息。倘若你不小心踩踏到蚁穴，红火蚁就会成群结队地爬上你的脚踝蜇刺，留下"到此一游"的纪念：一个中间凸起、有白色脓尖的红肿包。

红火蚁会破坏种子，毁坏农作物。它们以蜜露为食，因此会努力增加蚜虫和介壳虫的数量。蚁丘还会损坏农业设备。红火蚁还会吃死掉的昆虫和脊椎动物，但也捕食活昆虫、孤立无援的雏鸟和幼小的啮齿动物。

从 1957 年美国国会批准灭虫计划开始，我们先是充满激情地跳上"杀虫剂跑步机"，尝试了一种又一种氯化烃类（氯丹及类似化合物）杀虫剂；然后又依赖灭蚁灵（Mirex）——1976 年被美国国家环境保护局禁用。到头来，我们的"成就"却是消灭了与红火蚁竞争的本土蚂蚁物种，让入侵者的生活变得更加轻松。

红火蚁的致命弱点也许是它在自然界的天敌，比如一种真菌、线虫或者最让人感到"痛快"的钝伪蚤蝇（学名 *Pseudacteon obtusitus*）——这种昆虫在发育过程中会直接将红火蚁"斩首"。与此同时，红火蚁已经入侵了澳大利亚、新西兰和多个亚洲国家，以及加勒比海的多个岛屿。

Riley, Charles Valentine (1843—1895)
查尔斯·瓦伦丁·赖利

如果说昆虫学界也有"超级英雄"，那么这个称号非查尔斯·瓦伦丁·赖利莫属。他不仅在昆虫学领域颇有建树，还帮助挽救了法国的葡萄园和美国的柑橘作物。

赖利生于伦敦，曾就读于一所法国寄宿学校，17岁移民美国，年仅25岁就被任命为密苏里州昆虫学家，影响非常广泛。通过他的游说，州议会专门拨款，抗击马萨诸塞州的舞毒蛾虫灾。此后，1868年到19世纪80年代中期，赖利又与法国科学家合作灭除葡萄根瘤蚜（*Phylloxera*）。

赖利怀疑，这种类似蚜虫的根瘤蚜是从美国传入欧洲的。他和手下的"美国事务研究者们"最终说服了法国的"正统主义"同行，确定了葡萄藤枯萎不是某一种疾病产生的"效应"，其罪魁祸首就是根瘤蚜。最终的治疗方法是将法国葡萄藤嫁接到美国葡萄的根茎上。赖利因此被奉为英雄，获得了法国政府的最高表彰——法国荣誉军团勋章。

赖利为人自负，批评者讽刺他为"将军"。尽管如此，他还是在1876年被选为美国昆虫学委员会主席，该委员会是为了应对落基山蝗的爆发而成立的。1878年，赖利被任命为美国农业部的首位昆虫学家。

1887年，被引入美国的外来物种吹绵蚧几乎使加利福尼亚州方兴未艾的柑橘产业毁于一旦。赖利派遣一位同事去澳大利亚寻找自然防治手段。他选择了澳洲瓢虫

（Vedalia）。1888 年年底至 1889 年 1 月，洛杉矶接收了活体澳洲瓢虫，并在树上搭棚饲养它们。1889 年夏，柑橘种植者宣布取得了虫害防治的彻底胜利。

今天，人们以赖利的名字命名了一个基金会。赖利依然为世人所纪念和铭记，他不仅是一名昆虫学家，也是一名博物学家、艺术家、作家和博学的全才。

另见词条： 吉卜赛飞蛾（即今舞毒蛾）[Gypsy Moth（now LD Moth）]；落基山蝗（Rocky Mountain Locust）。

Rocky Mountain Locust
落基山蝗

落基山蝗（学名 *Melanoplus spretus*）的经历是一个发人警醒的故事。它们曾是整个北美数量最多的昆虫，如今却已灭绝。

19 世纪末期，落基山蝗的蝗群密度达到顶峰，这个数字之大是难以估量的。1875 年，最大的蝗群估计有 3.5 万亿只，活动面积覆盖 51.3 万平方千米。这是 1874 年至

1877 年爆发的大蝗灾的一部分，这场蝗灾造成的损失高达 2 亿美元（约合今 1160 亿美元）。从内华达州到密苏里州，从得克萨斯州到加拿大，落基山蝗俨然成了"生物恐怖分子"。

蝗灾每隔六七年爆发一次，但持续时间一年到三年不等。蝗虫过境，身后留下一片贫穷。州和地方立法机构提供赏金，激励人们清除蝗虫的卵和若虫。人们发明了各种灭蝗装置，比如马车火焰喷射器。由于小麦不堪一击，农民被迫转向多样化种植，开始栽种蝗虫不怎么吃的苜蓿、豌豆和大豆。

到 19 世纪末，蝗群规模变小，渐渐只是零星出现。1902 年 7 月 19 日，人们最后一次记录到落基山蝗活体样本。一些人认为，农田变成苜蓿地导致蝗虫没有食物而被饿死。其他人则认为，北美大平原上野牛的消失改变了蝗虫的栖息地。还有人推测，将原住民赶出大平原消除了历史悠久的传统习惯，比如火烧，这些都会导致蝗虫栖息地发生变化。

科学家们重新研究蝗虫的地理分布之后，解开了这个谜团。其实，落基山脉的山间谷地才是蝗虫唯一的"永久居住地"。19 世纪中期的淘金热将这些地带变成了农业区，人们犁开含有蝗虫卵荚的土壤，进行耕作和灌溉。这种做法破坏了落基山蝗的繁殖地，最终导致该物种的灭绝。

怀俄明州的刀尖冰川（Knife Point Glacier）可能是保存落基山蝗样本最多的地方，有大量蝗虫的尸体。然而，正如大多数冰川一样，它也在迅速消融。

另见词条： 相型变态（Kentromorphism）。

Schmidt Sting Pain Index

施密特刺痛指数

昆虫学家贾斯汀·O. 施密特（Justin O. Schmidt）将他与昆虫之间不愉快的经历转化为可量化的表格，因此被誉为"被蜇之王"（King of Sting）。这份量表不仅是一个合乎逻辑的问题解决方案，更是施密特强烈好奇心和创新科研方法的直观写照。

在美国佐治亚大学念研究生时，施密特就以须蚁属为模型研究昆虫的蜇咬。人们可以直截了当地对昆虫的毒性进行评估，但遗憾的是，还缺少一种评估疼痛程度的方法。1983 年，施密特与另外两位作者共同在《昆虫生物化学和生理学档案》（*Archives of Insect Biochemistry and Physiology*）上发表了一篇论文。在论文中，施密特将疼痛程度评定为 1～4 四个等级，其中以西方蜜蜂蜇刺引起的痛感定为标准级"2 级"。这是因为有足够多的人会将蜜蜂蜇刺的疼痛与其他痛感联系起来，并据此推断疼痛程度。施密特对刺痛的精彩描述，以及他做的刺痛与其他引发疼痛的可怕场景之间充满想象力的比较，为他赢得了大批拥趸。

施密特绝对不是一个古怪或疯狂的科学家，而是重量级的学者。他通常避免有意招引昆虫蜇咬，而是通过随机事件来获得对各种昆虫蜇伤感知的认识。他也不满足于感性认识，而是试图理解这种疼痛背后的生物化学原理。他发现，通常而言，引起疼痛感和造成实际伤害的是不一样的毒液化合物。施密特在解释蜇咬如何发生作用时专门指出，疼痛是一个指标，指示了即将发生或正在发生的伤害。多种社会性蜂、蚂蚁的毒性最强，其蜇咬带来的痛感足以让来捕食的脊椎动物放弃破坏猎物的种群（柔软的幼虫、蛹）或食物储备（比如蜂蜜）。只有这样，捕食者才有可能活下去，改天再来一试身手。

另见词条：毒液（Venom）。

Screwworm

螺旋锥蝇

如果你从来没听说过螺旋锥蝇（学名 *Cochliomyia hominivorax*），那么说明有史以来最独特的昆虫虫害防治手段取得了成功。

螺旋锥蝇在蛆虫阶段长得很像螺钉，因此而得名。雌蝇每次可在哺乳动物伤口周围产下数百颗卵。孵化出来的幼虫体形很小，可以从裸露的伤口钻进寄主的肉里。感染螺旋锥蝇可导致牲畜和野生动物死亡，死亡原因多是中毒（蛆虫释放的有毒化合物）或继发感染。螺旋锥蝇原产于美洲热带和亚热带地区。20世纪50年代，美国南方大部分地区的牛羊牧群曾遭遇这种可怕的虫害。

自从1937年发表有关不育昆虫技术的理论以来，美国农业部的爱德华·F. 尼普林（Edward F. Knipling）和雷蒙德·C. 布什兰德（Raymond C. Bushland）就在筹划一条核时代特有的害虫防治策略。操作方法是捕捉一批特定昆虫让它们繁殖后代，然后通过放射线照射使后代昆虫失去繁殖能力，再将它们放归自然，从而实现降低种群数量的目的。在美国佛罗里达州萨尼贝尔岛和荷属库拉索岛的螺旋锥蝇成了这种技术的试验对象——试验大获成功。

1962年，美国国会拨款消灭得克萨斯州的螺旋锥蝇。项目组建了一座工厂，每周可繁育1.4亿只螺旋锥蝇。工作人员使用放射性钴-60的伽马射线照射蛹，使它们失去繁殖能力，然后将蛹放入特制的盒子，装在改装过的运输机上，将蛹散布到整个作业区。不育的雄蝇与野生雌蝇交配，自然不会产生后代。

1984年，在协助将"虫害隔离区"推进到墨西哥之后，项目工厂关闭。如今，螺旋锥蝇活动范围的边界在巴拿马地峡。昆虫辐射不育技术被继续应用于螺旋锥蝇和其他害虫，尤其是某些种类的果实蝇（实蝇科）和非洲的舌蝇。

另见词条：有害生物综合治理（Integrated Pest Management）；舌蝇（Tsetse Flies）。

Seed Dispersal
种子传播

农场、果园和花园里的作物依靠人类种植，森林、大草原、草地和其他野生环境又靠谁来播种呢？鸟类和哺乳动物显然充当了播种者；不过昆虫——特别是蚂蚁，也有功劳。

"昆虫传播"（Entomochory）指的是昆虫传播种子或孢子的行为，"蚁播"（Myrmecochory）则仅用于描述蚂蚁传播种子的行为。70多个植物科的4000多种被子植物依靠蚁播来播撒种子。为了让蚂蚁来运输种子，这些植物用特殊的肉质结构或种皮来吸引蚂蚁，这类肉质结构被称为油质体。蚂蚁通常会先把整颗种子"打包"运回蚁穴，然后再将油质体分发给巢穴里的伙伴。油质体富含的脂类是蚂蚁很难从其他食物来源中获取的。

将种子上美味的部分剥掉之后，蚂蚁通常就会将种子丢进它们的"垃圾室"。它相当于一个堆肥箱，种子在里面可以享受到最佳的小气候和营养来源。也有一些蚂蚁物种会将种子丢回土壤表面。在经常发生火灾的栖息地，蚂蚁可以恰到好处地将种子放置在适当的深度，既能避免种子被烧，又能确保种子获得萌发所需的热量。

其他昆虫也传播种子。比如，金龟子会将不计其数的

elaiosome

油质体

种子埋在令它们垂涎欲滴的动物粪便中。在澳大利亚，无刺蜂从一种名为托里伞房桉（学名 *Corymbia torelliana*）的植物上收获树脂时散播种子。它们飞离树木一段距离之后，才会将种子丢弃。

人类为了获得木材和耕地而清理土地，这可能会影响蚂蚁传播种子的能力。在北美的次生林中，非本地蚯蚓的分布密度很高，这会导致森林地面积累的落叶减少，而落叶会为蚂蚁提供保护。此外，入侵的蛞蝓也吃油质体，但不会传播种子。

另见词条： 生态系统服务（Ecosystem Services）。

Sericulture
蚕桑产业

没有一种来源于动物的物质能像丝绸这样，对文明产生如此深远的影响。对家蚕（学名 *Bombyx mori*）的驯化带来了唯一一种野外已不复存在的家养昆虫。

根据民间传说，黄帝的元妃、西陵氏之女嫘祖不小心将蚕茧掉入热茶之中，由此发现烫过的蚕茧可以抽丝。考古学证据显示，早在几千年前，丝绸织物就已存在。在中国传统的方法中，为了养育蚕宝宝，一定要避免噪声、浓重的气味和不整洁的环境，这些因素会扰乱它们在同一时间吐丝作茧的节奏，而这种同步性正是成功养殖不可或缺的。

家蚕幼虫只以桑叶为食，25 天内会经历 4 次蜕皮进入 5 龄期，体重增加 1 万 ~ 1.4 万倍。抽丝时，首先将蚕茧暴露在热空气或蒸汽中杀死蚕蛹，然后将蚕茧浸泡在热水中溶解包裹在丝心蛋白外面的黏性物质——丝胶，最后才能将 1097 ~ 1463 米长的蚕丝抽出缠在线轴上。

历朝历代，中国的丝绸织造产业都很发达；不过，传说拜占庭皇帝查士丁尼一世曾在公元 522 年派遣一队波斯僧侣去中国偷运蚕卵。他们将蚕卵藏在中空的手杖里带回君士坦丁堡，从此开始建立西方丝绸帝国。

公元前 2 世纪初，丝绸之路开始形成，这是一个从中国到印度与地中海的陆路和相关海上通道交通网。在唐代的鼎盛时期，玉石、香料和黄金与佛教的思想等一起，在丝绸之路上流转。

今天，蚕桑产业主要国家排行榜不断变化。历史上，中国和日本是丝绸的主要生产国，后来，法国、印度、意大利、俄罗斯、巴基斯坦、乌兹别克斯坦和巴西等国也加入了这场竞争。中国如今仍然是最大的丝绸供应国。

另见词条：茧（Cocoon）。

Snow Insects

雪地昆虫

　　从逻辑上说，隆冬时节是不可能捉到真正的冷血昆虫的。尽管大多数昆虫冬季都处于滞育状态，但有些昆虫则充分利用了此时缺乏竞争和捕食者的有利条件。

　　"雪地跳虫"（Snow Flea）其实就是弹尾虫（Springtails），主要有雪腹胃跳虫（学名 *Hypogastrura nivicola*）和哈氏腹胃跳虫（学名 *H. harveyi*）两种。它们可以在雪面上排成密密麻麻的一层，雪开始融化时数量尤其多；不过全年都可以在树底部周围找到它们。雪地跳虫以落叶和其他腐烂有机物为食，以从中获得丰富的营养。它们通过一种含有高浓度氨基甘氨酸的蛋白质来抵御寒冷，可以说

S

这是其体内产生的一种防冻剂。

雪大蚊（Snow flies）是雪地昆虫中更加鲜为人知的一种。它们是无翅雪大蚊属（*Chionea*）内体形小而瘦长的无翅大蚊。雪大蚊主要生活在雪层与下面更温暖的土壤之间的空隙中，但会在雪地表面寻找配偶。0 ~ 4℃是最适宜雪大蚊生存的温度，它们在 10 月至 11 月最为活跃，次年 2 月至 3 月再次活跃。成虫在不进食——至少不吃固体食物——的情况下，最长可存活 2 个月。已知的 16 种北美雪大蚊几乎没有在冬季捕食的。

所有雪地昆虫中，最奇怪的就是雪蝎蛉属的雪蝎蛉

Snow scorpionfly (female)
Boreus sp.

雪蝎蛉属的雪蝎蛉（雌性）

（snow scorpionfly）。它们只有 2 ～ 5 毫米长，小得几乎看不见。雪蝎蛉成虫和幼虫都会啃食地衣与苔藓的叶片。雌性成虫无翅；雄性成虫的翅膀变硬，退化为带状的残翅，每个翅膀末端都有锋利的钩刺。雄虫用它们来抓住和控制雌虫，雌虫会爬到雄虫身上，而不是委身其下。雪蝎蛉的科名"Boreidae"，以及其中最常见的属雪蝎蛉属的属名"Boreus"，指的都是最常发现这些昆虫的北方森林。

另见词条： 六足类，非昆虫（Hexapods，Non-insect）；蛩蠊（攀岩者）[Grylloblattids（rock crawlers）]。

Spittlebugs

吹沫虫

吹肥皂泡是孩子们非常熟悉的夏日消遣。一些幼小的昆虫也会吹泡泡，但对它们来说，这可不是一项休闲活动。花园植物和田间植物上常见的泡沫状唾沫可以保护未成熟的吹沫虫（沫蝉）免受敌人的攻击和灼热日光导致的干燥。

Meadow spittlebug (nymph)
Philaenus spumarius

牧草长沫蝉（若虫）

（学名 Philaenus spumarius）

这种唾沫是沫蝉总科（Cercopoidea）昆虫——沫蝉的若虫吐出来的。沫蝉总科由5科360多个属约2600种昆虫组成，该科昆虫与蝉、角蝉和叶蝉有密切的亲缘关系。大多数沫蝉的若虫和成虫以肉厚多汁的草本植被为食，比如青草和苜蓿，不过也有一些物种以灌木和乔木为食，还吃针叶树。它们用分节的喙刺破植物的茎，吸食汁液。

沫蝉若虫的"泡沫"大部分是由吸收到体内的过量植物汁液构成的。多余的液体通过一个"过滤腔"绕过中肠，由肛门排出，同时排出的还有一种从马氏管分泌出来的液蜡。这种蜡状物质可使泡沫变得稠厚，或许有助于防止泡沫破裂。若虫利用腹部的凹槽将空气从呼吸孔输送到身体的末端，同时依靠肛门附近的一个瓣调节气流。腹部用力吸入空气，然后将气泡搅动成泡沫。也是依靠凹槽和瓣，沫蝉才能将屁股伸出大团的泡沫之外来呼吸。

长为成虫后，沫蝉为了追求一种更加积极的生活方式而放弃了它们的泡泡家园。尽管沫蝉具备飞行能力，但是遇到危险时，它们还是习惯跳跃着逃之夭夭。

另见词条：马氏管（Malpighian Tubules）。

Spotted Lanternfly
斑衣蜡蝉

斑衣蜡蝉（学名 *Lycorma delicatula*）这种周身布满圆点的蜡蝉吸食乔木和灌木的汁液，尤其喜欢臭椿树。它们食欲旺盛，来者不拒，对森林、果园作物构成威胁。至少有 103 种植物都是适宜这种昆虫生活的寄主。斑衣蜡蝉可能原产于中国、印度、孟加拉国和越南，但已被引入韩

S

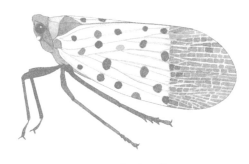

Spotted lanternfly
Lycorma delicatula

斑衣蜡蝉

国、日本和美国。

  2014年9月22日，斑衣蜡蝉首次在美国被检出，检出地在宾夕法尼亚州伯克斯。随着附着卵块的物体被搬动运输，这种昆虫传播开来。其卵块是扁平的灰色块状物，可以附着在任何光滑的表面上，并且很容易被人们忽略。车辆、户外家具、柴火、花盆和其他数不胜数的物体都可能粘有卵块，所以仔细检查是很关键的。

  斑衣蜡蝉的生命周期是一个不完全变态过程。它们以卵块越冬，若虫在春季孵化，最初为黑色，体背上有白色斑点，在4龄羽化为成虫之前，体背变成红色。成虫出现在仲夏，交配和产卵则发生在秋季。

进食时，它们会排出大量的蜜露。蜜露覆盖在寄主植物的叶片和下层植物的叶片上，导致植株出现煤污病。尤其在黄昏和天黑后，我们最容易观察到斑衣蜡蝉，彼时它们会大量聚集在植物的树干和枝梢上。

斑衣蜡蝉即将成为全球性的农业害虫。在北美，它们至少能够传播到整个东北部地区和东岸各州，向西横扫五大湖区直抵堪萨斯州东部。加利福尼亚州中部内陆山谷，以及华盛顿州东部和俄勒冈州的果园都面临威胁。欧洲大部分地区、澳大利亚南部、南非南端和南美洲南部也岌岌可危。

Stridulation
摩擦发音

昆虫可以通过多种形式发出声音，其中最常见的是将身体的一个部位与另一个部位摩擦，这种行为称为"摩擦发音"。

雄性蟋蟀和螽斯响亮的"鸣声"是高度特化的前翅产生的。螽斯的左翼基部长有坚硬的突起（"音锉"），右前翅基部则有一个锋利的"刮器"。音锉与刮器快速摩擦，就产生了鸣声。与螽斯不同，大多数蟋蟀是"右撇子"，它们的音锉长在右前翅，刮器长在左前翅。雄性蟋蟀还会奏响"战歌"，在擅自闯入的其他雄虫面前坚定地保卫自己的领地。当雌性蟋蟀接近时，它又会切换为更柔和的求爱曲。两性都能通过前足上的缝隙"听到"声音，缝隙中有一层灵敏的膜质结构，称为"鼓膜器"。

与它们不同的是，蝗虫通常通过摩擦后腿股节上的一排音齿与前翼上凸起的音锉来发出鸣声。蝗虫的鼓膜器位于腹部前端两侧的小孔中。

小蠹、某些埋葬甲（葬甲科）和一些蚁蜂（蚁蜂科）在求偶过程中也会摩擦发声。蚁蜂通常将鸣声作为一种防御手段，相当于有声版的警戒态。它们通过腹部不同部位的摩擦来发出鸣声。发出警告声的昆虫还有猎蝽（猎蝽科），它们用喙端与前胸腹板的横脊摩擦来发声。许多天牛（天牛科）则摇头晃脑，用"脖子"磨蹭前胸背板内侧的隆起发声。这种突然发出的噪声可以把潜在的捕食者吓得丢掉猎物。

Swarm

虫　群

　　"swarm"用作名词时，意为"虫群"，指的是昆虫世界里一次平和而无害的聚集；用作动词时，指的是"昆虫成群飞来飞去"。从人类的角度来看，面对这样一群"昆虫暴徒"可能是非常可怕的事。我们总是认为一大群昆虫具有威胁性，其实大部分虫群只不过是令人讨厌罢了。

　　蜜蜂完美地体现了"swarm"一词的两重含义。一个蜂群是从一个蜜蜂集落分化出来的，大约一半的工蜂会离开已建成的集落，与新出现的蜂后一起建立一个新的集落。蜂群会先形成一个临时的群落，由侦察蜂先去寻找新的筑巢点。蜂群也可以是一个嗡嗡作响的"聚集区"，雄蜂为了与新蜂后交配，聚集在空中舞动。这两种情况都不会构成任何威胁。不过，蜜蜂会集结成蜂群攻击任何意图掠夺其蜂蜜或脆弱幼虫的捕食者。"蜂群"这个实体本身是和平的，但"蜂群的行动"则必定是激烈的。

　　并不是所有在小范围内数量充足的昆虫群体都能构成虫群。大多数群聚行为与食物来源、筑巢区域、滞育或同步羽化都有关系。瓢虫在滞育期会形成密集的群体，这可能发生在冬季，在干旱地区也可能发生在夏季——彼时瓢虫会从炎热的山谷垂直向上飞，迁移到凉爽的山间。

像蝴蝶这样受人喜爱的物种从来不会结成"虫群"，我们是不会这么说蝴蝶的。我们只会说有"一群蜂""一群蝗虫"或"一群苍蝇"。顺便说一句，我们所见到的一群"蚊子"更有可能是蠓，这种无害的昆虫是蚊子的远亲。非洲的马拉维湖聚集着壮观的食幽蚊（学名 *Chaoborus edulis*）群。这一虫群密度之大，甚至导致它们被误认作烟羽，或被当作有生命的龙卷风。

Tequila Worm

龙舌兰虫

男人总喜欢逞能做蠢事，比如把躺在龙舌兰酒瓶底的蠕虫一饮而尽。问题是，它不是蠕虫，酒也可能不是龙舌兰酒。

这种烈酒其实是梅斯卡尔酒（Mezcal）。梅斯卡尔酒可以算是龙舌兰酒的一种，但只有当酒原料中的蓝色龙舌兰（blue agave）比重超过 51% 时，才有资格称为龙舌兰酒；梅斯卡尔酒则是以多种龙舌兰为原料、按照其他比例酿制而成的。关于酒里的"蠕虫"，有一种说法是，它是用来区分龙舌兰酒与梅斯卡尔酒的。

泡酒用到了两种昆虫幼虫。其一是龙舌兰象甲（即剑麻象甲，学名 *Scyphophorus acupunctatus*）幼虫。成虫在植物上取食和产卵，使植株感染上真菌和其他导致茎叶腐烂的物质，这会让挖食根茎的幼虫生活得更加如鱼得水。

其二是龙舌兰蛾（学名 *Comadia redtenbacheri*）的幼虫。在西班牙语中，它们被称为"gusanos rojos"（意为"龙舌兰虫"），以龙舌兰草心为食——梅斯卡尔酒正是用龙舌兰

Cossid moth (larva)
Comadia redtenbacheri

龙舌兰蛾（一种木蠹蛾）的幼虫

草心烘烤、蒸馏而成。幼虫群居并逐渐向植株的根状茎迁移，在根状茎处分散和成熟。发育可能需要 1 年多的时间，但具体时间长短因个体而异。最后一个龄期的幼虫身体泛红，会释放一种易挥发的臭味化合物来抵御天敌。这就解释了为什么人们说瓶底的虫子会改变酒的味道。

1977 年 10 月 13 日，墨西哥颁布龙舌兰酒的限制和保护规定，放置幼虫来区分龙舌兰酒与梅斯卡尔酒的做法不再有必要了。不过，有些传统本来就根深蒂固，或者因为酒品营销而复兴；总之，今天一些品牌的龙舌兰酒还会放置幼虫。瓶底一只完整无损的幼虫意味着酒品更纯净，但把它吃下肚并没有"壮阳"的作用，也不会致幻。抱歉让你失望咯。

另见词条：食虫行为（Entomophagy）。

Tok-Tokkies
咚咚虫

"摇头客"报死虫通过磕头来制造声响，南部非洲的"咚咚虫"则是甲虫世界的"屁股敲打手"。雌虫和雄虫通过用腹部的底面疾速敲击地面的方式来交流传情。

这种奇特的拟步甲的俗名是从拟声词得来的，因为它们敲击地面发出"咚咚"声，所以就被叫作"咚咚虫"了。

所有种类的咚咚虫都属于拟步甲科，除此之外，它们并没有更进一步的正式分类，因为漠甲亚科[Pimeliinae，胃拟步甲族（Sepidiini）]中的几个属会使用"屁股传书"，但并非所有属的物种都有这种习惯。其中，非洲沙甲属（Psammodes）、蟾甲属（Phrynocolus）和钝甲属（Ocnodes）三个属最为出名。咚咚虫生活在干旱的栖息地，无飞行能力，有致密的外骨骼。与其他许多拟步甲不同的是，它们没有化学防御手段，只能依靠一身盔甲和惊人的奔跑速度来驱赶或躲避捕食者。可忍耐日间极端高温的能力使它们接触的捕食者数量更少——在凉爽的夜晚，捕食者的数量可就多了。储水是咚咚虫最要紧的事，它们的鞘翅边缘紧贴在沿着腹节边缘排列的凹槽中，这可以减少呼吸过程中丧失的水分。

咚咚虫是食腐性昆虫，以风吹来的各种干燥有机物碎屑为食，比如死去的无脊椎动物、植物和粪便。

其他几种甲虫也以敲击行为而闻名，包括居住在北美沙漠和草原上的拟步甲科中的宽胫甲属（*Eusattus*）和尘拟步甲属（*Coniontis*）。吉丁科里几个属的甲虫在求偶时也会用腹部敲击原木、树枝或树干的表面。

另见词条：报死虫（Deathwatch Beetles）。

Tsetse Flies

舌　蝇

非洲的"万兽之王"或许并不是狮子，而是舌蝇属

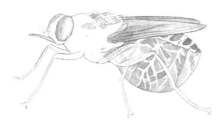

Tsetse fly after a blood meal
Glossina sp.
吸饱血的舌蝇

（*Glossina*）叮咬人的飞蝇。从历史上看，舌蝇的 31 个种和亚种阻挡了殖民主义的脚步。

舌蝇因传播引起非洲锥虫病（又称睡眠病）的微生物而臭名昭著。[1] 舌蝇的集中分布，在撒哈拉沙漠以南形成了"飞蝇带"，这条"飞蝇带"在雨季和旱季之间上下移动，导致牛群无法到达最佳牧场。舌蝇由此阻挡了野生动物天堂转变成大型养牛场，这是因为野生哺乳动物对非洲锥虫病具有免疫力，但也充当了这些致病锥虫的寄主。

舌蝇属的物种主要分为稀树草原种、森林种和河流种。并非所有舌蝇都叮咬人，但它们能穿透衣服来叮咬。在报道的舌蝇叮咬病例中，感染冈比亚睡眠病（Gambian

---

1　经舌蝇叮咬会让人畜感染布氏锥虫，患上非洲锥虫病。人类感染后表现为过度睡眠，严重时会昏迷或死亡。

Sleeping Sickness，非洲锥虫病的一种）的占 98% 以上。这是一种典型的慢性疾病，患者感染后数年之内可能死亡。罗得西亚睡眠病（Rhodesian Sleeping Sickness，非洲锥虫病的一种）引起的症状更严重，患者被叮咬后数周或数月就可能死亡。据世界卫生组织（WHO）统计，有 36 个非洲国家发现非洲锥虫病感染，但 2018 年仅记录了 997 例新增病例。

舌蝇的生命周期与虱蝇类似。雌蝇每次孵化一枚卵，并用"乳腺"分泌物在"子宫"中喂养一只幼虫。幼虫在大约 9 天内经过 3 个龄期，然后"出生"，迅速钻进土壤中化蛹。成虫在四五周之后出现。雌蝇在寿命仅有三四个月的一生中，可以产下 5 ~ 8 个后代。

根据化石记录，大约 3500 万年前，北美也出现过舌蝇。人们推测，马科动物进化出条纹的原因可能是受到舌蝇和其他叮咬飞蝇的影响。这种显眼的纵向线条让靠近的飞蝇晕头转向，导致它们错过目标或尴尬地一头撞到马匹身上。

另见词条：弗洛里森特化石层（Florissant Fossil Beds）；虱蝇（Louse Flies）。

Underwing Moths

翼下蛾

隐藏、瞬彩和飞行是裳夜蛾属（*Catocala*）夜蛾的生存策略，这类夜蛾也被称为"翼下蛾"。这种昆虫通过综合运用伪装、警戒态和强大的飞行能力来躲避日间的捕食者。

裳夜蛾属的属名来自希腊语"kato"和"kalos"，其中"kato"表示"下面"，"kalos"表示"美丽"。这个词完美地描述了翼下蛾，它们长有斑点的前翅呈灰色或褐色，后翅则醒目地装点着黑色与橙色、粉色、红色、黄色、白色相间的花纹，或完全是纯黑色。尽管体形较大（翼展3.5～8.5厘米），但这种夜蛾在白天完全可以依靠伪装与树皮融为一体，或藏身在岩石悬垂处和其他隐秘之所。受到惊扰时，它们就会张开前翼，露出鲜艳的后翼，然后飞走。这种"惊吓表演"会令大多数潜在捕食者分散注意力并迷失方向。

裳夜蛾是收藏者的最爱。它们并不像大多数蛾子那样常在夜间被灯光吸引，但它们对甜味的诱饵没有抵抗力，所以最常用的采集方法是"撒糖捕蛾"。具体做法是，在树干上涂抹黏稠的含糖混合物，然后在天黑后去陷阱边"守株待蛾"。人人都有自己的秘方，但基本原料包括糖浆、红糖、熟透的水果和酒精饮料。用红糖、走气儿的啤酒和香蕉泥可以制作出最简易的版本，也有很多人信奉各种酒类和水果的组合配方。涂抹之前，可以先将诱饵静置几天。

据最近一次统计，裳夜蛾属大约有 270 种，主要分布在北美和欧亚大陆的温带气候区。大多数裳夜蛾可分为幼虫以橡树为食，以及幼虫以杨树和柳树为食两大类。

另见词条: 国家飞蛾周（National Moth Week）。

Urticating Hairs
螫　毛

虽然大多数昆虫的幼虫是无害的，但很多毛虫体表覆盖着刚毛，这些刚毛会使人体出现不良反应。超敏反应甚至会导致过敏，严重时或危及生命。

在令人讨厌的毛虫"攻击者"身上，真刚毛是细而带刺的毛发，很容易从昆虫身体上脱落，就像豪猪的棘刺一样。刚毛可以刺入皮肤并滞留其中，但通常在空气中飘荡，因此吸入刚毛是最危险的。长有真刚毛的典型昆虫有松异舟蛾、毒蛾、黄毒蛾以及某些天蚕蛾和舟蛾的毛虫。在化蛹之前，毛虫会将刚毛织在茧上，以此作为防护。

刚毛本身并不会分泌任何物质，因此引起刺激或过敏的必然是毛发角质内本来就存在的蛋白质。毛发脱离毛虫后，其中的炎性物质依然能长时间发挥作用；人体反应通常在暴露 12 小时后发生。长时间反复暴露可能会引发致命后果——黄毒蛾已导致至少 2 名长期研究该物种的实验室研究人员死亡。

特化刚毛的数量少于真刚毛，通常成簇排列。它们更粗，中空，基部有腺体。这些特化的刚毛脱落时，腺体分泌的毒素会注入其中，落到捕食者身上或刺入其体内。一些权威机构将具有这种刚毛的毛虫归类为有毒昆虫。这样的毛虫在蛾类中很是常见。

螫毛一般是粗壮的刚毛，常带有分叉，内含毒腺。可不能小看长有螫毛的蜇人毛虫。长有螫毛的典型昆虫有玉米天蚕蛾、鞍背刺蛾、猴形刺蛾及其近亲的毛虫。绒蛾毛虫（绒蛾科）的螫毛则隐藏在又长又厚的刚毛下。真是防不胜防，让人痛不欲生。

另见词条：松毛虫（Pine Processionary Caterpillars）；毒液（Venom）。

Venom

毒　液

哎哟，好疼！很多昆虫通过叮咬或蜇刺来释放毒液，这类昆虫数量之多令人意想不到。毒液的定义范围也在扩展，现在几乎囊括了可以对受体造成损害或引发其生理变化的任何物质。

毒液及其传输系统在昆虫纲内至少发生了 29 次演化。最常见的具毒液昆虫是胡蜂、蜜蜂和蚂蚁，此外也有会叮咬的刺毛虫；更令人震惊的是，还有一种甲虫也会蜇刺。白跗蝎天牛（学名 *Onychocerus albitarsis*）成虫的每根触角锋利、中空的尖端都生有一个毒腺。与毛虫一样，它们用刺来防御前来捕食的脊椎动物。捕食性的半翅目昆虫、蝇类、草蛉及其近缘昆虫会分泌麻痹敌人的酶，吸血昆虫则会向敌人注入抗凝血剂和其他毒素。

胡蜂的毒液经过演化具备了暂时麻痹寄主的能力，这可以方便它们在寄主体表或体内产卵。通常被视为无毒蜂的一些蜂类也会放出化学物质，这些物质可以促进寄主植物的真菌生长，或促进自身与特定病毒展开协同作用，以控制寄主动物的神经系统。如果用这个标准来看，那么所

Saddleback caterpillar
Acharia stimulea

鞍背刺蛾（学名 *Acharia stimulea*）毛虫

有胡蜂都可能具有毒性。群居胡蜂、蜜蜂和蚂蚁可能会用刺来杀死猎物，也可能不用，但它们都会动用毒刺来保护巢内弱小无助的卵、幼虫和蛹。因此，毒液的成分也会因预期用途的不同而有所变化。

　　与胡蜂和蚂蚁相比，刺毛虫的威力毫不逊色。最臭名昭著的是南美洲一种群居巨型天蚕蛾（学名 *Lonomia obliqua*）的幼虫。在巴西和委内瑞拉，它们已经导致数百人死亡。它们的毒液通过危险的刺毛分泌出来，其中含有可引起出血性综合征的抗凝血剂。

另见词条：施密特刺痛指数（Schmidt Sting Pain Index）；螫毛（Urticating Hairs）。

Vespa mandarinia（aka "Murder Hornet"）
金环胡蜂（又名"杀手蜂"）

据媒体报道，亚洲大黄蜂（Asian Giant Hornet）（即金环胡蜂）是北美最新、最严重的生物威胁。一名记者称金环胡蜂为"杀手蜂"（即所谓的"杀人大黄蜂"），因为这种胡蜂有袭击蜜蜂蜂巢的习性，并且会在袭击过程中杀掉工蜂。

恐慌始于 2019 年 9 月，当时人们在加拿大不列颠哥伦比亚省的纳奈莫发现了一个金环胡蜂的巢穴，并将其捣毁。12 月，人们又在美国华盛顿州布莱恩发现了一只死去的金环胡蜂。基因分析表明，该死亡样本与纳奈莫蜂群有不同的起源。2020 年春夏，人们在不列颠哥伦比亚省的兰利，以及华盛顿州卡斯特、贝灵汉和桦树湾又观察并采集到更多活体标本。

2020 年 10 月 22 日，华盛顿州布莱恩的一棵空心树

亚洲大黄蜂，即金环胡蜂

内发现了一个巢穴。身穿防护服、挥舞着特制吸尘器的昆虫学家将里面的"居民"吸了出来。大约 500 只个体占据着这个巢穴，其中包括大约 200 只新长成的蜂后，它们本将分散到各处以滞育状态越冬。11 月初，在不列颠哥伦比亚省的阿伯茨福德和奥尔德格罗夫也捕获了独居的"杀手蜂"。

　　媒体追求轰动效应的报道激起了广泛的恐惧。多个地区为防治"杀人大黄蜂"消耗了大量财力和人力，但它们很可能永远不会在那些地方出现。负责任的新闻报道更应当强调的是国际港口集装箱检查的疏漏；诚实、勇敢的写作者更应该指出的是，由于意外或有意识的外来物种引进，缺乏管制的全球经济可能会削弱一些产业（在这个案例中受害的是养蜂业）、破坏当地原有生态系统。然而，事与愿违，各种新闻媒体都在用耸人听闻的头条标题争夺点击率、转发量和市场份额。

Viviparity
胎　生

大多数昆虫通过大量产卵的方式来实现繁殖成功，因为大部分卵不可避免会死亡，所以只有卵的数量足够多，才能抵消这部分损失。但有一些昆虫会采取其他办法来保护它们的"遗传投资"，策略之一就是直接生下"活的"后代。雌虫在体内保存少量后代的做法，显著降低了捕食者和拟寄生者杀死其后代的机会。

描述这种活胎生产方式的科学术语是"胎生"。胎生包括卵在雌虫体内孵化，孵出的若虫或幼虫立即排出（即卵胎生），以及幼虫继续在雌虫体内长到"足月生产"（即腺养胎生）。令人惊讶的是，很多种昆虫都采用了这种繁殖方式。蚜虫就是一个常见的例子，它们直接产下的若虫迅速发育，并通过孤雌生殖重复这一过程。在某些蚜虫物种中，一代蚜虫会以这种方式繁殖，另一代则进行有性繁殖并产卵。许多无飞行能力的蟑螂物种也会直接产下若虫，而不是通常的卵鞘。其他胎生的昆虫物种还包括一些介壳虫、蠼螋、树虱、半翅目寄蝽科昆虫和一些缨翅目昆虫。甚至步甲科、隐翅甲科、拟步甲科、复变甲科、天牛科（如冠婆罗洲安息香天牛，学名 *Borneostyrax cristatus*）和叶甲科中的少数甲虫也表现出胎生行为。

胎生也可以帮助物种在竞争中领先一步。例如，麻蝇（麻蝇科）正是通过直接产下蝇蛆而不是卵的方法，在利用动物尸体这种短暂资源方面占尽先机。蜂麻蝇是麻蝇的一个子类，它们也是直接产下幼虫，这减少了在巢内遭遇其寄主胡蜂和蜜蜂叮咬的风险。小小的蝇蛆完全不显眼，很快就能从入口钻进巢内。

另见词条：虱蝇（Louse Flies）；卵鞘（Ootheca）；舌蝇（Tsetse Flies）。

Water Striders, Marine

海　虿

　　海域通常被视为甲壳动物的天下。这些生物是对陆地昆虫和淡水昆虫的"海洋性"补充。鉴于小龙虾、螃蟹、土鳖虫等甲壳动物已经侵入河流、小溪、湖泊、池塘和许多陆地生境，陆地昆虫和淡水昆虫攻占甲壳动物的据点也就不足为奇了。

　　海洋环境包括海滩、潮间带、红树林沼泽和盐沼。这些地方可以找到种类丰富的昆虫，但真正的远洋昆虫几乎不存在。半翅目虿蝽科的某些水虿是一个例外，它们才是公海上名副其实的冲浪高手。目前人们已经知道，海虿属（*Halobates*）的 5 种昆虫生活在热带和亚热带海洋上。俄罗斯船只"留里克"号的人员在 1815—1818 年的跨洋探险中首次发现了这类昆虫。海虿的足向四周伸开，使体重分散在更大的面积上，从而避免了对水的表面张力的破坏。它们以落在水面上的其他微小动物为食。

　　海虿是如何在风浪中存活而不被淹死的呢？它们长有两层又细又密的毛，一层长一层短，这些毛可以帮助海虿防水。它们也经常擦身理毛，将胸部腺体分泌的蜡状物质

Sea skater
Halobates sp.

海 黾

涂在身体上，从而基本保持防水状态。

体形小（4～5毫米）、体重轻（约5毫克）的特点也有助于海黾保持浮力。海黾虽然不会飞，但运动能力很强。它们能从水面上跃起，甚至翻个筋斗，以此来躲避碎浪和试图从水面之上或之下抓住它们的捕食者。

Weta

巨沙螽

巨沙螽（学名 *Deinacrida heteracantha*）号称世界上最

重的昆虫，目前最大重量记录为 70 克。巨沙螽是大沙螽属（*Deinacrida*）11 种形似蟋蟀的无翅昆虫中的一种，仅见于新西兰和邻近岛屿。巨沙螽虽然体形庞大，但还是有办法生活在林冠层中。

"威塔"（Weta）是"威塔庞加"（wetapunga）的缩写，这是巨沙螽的毛利语名称。不幸的是，正是毛利人将基奥（kiore，即缅鼠）带上了威塔庞加生活的岛屿，这种从前连天敌都没有的笨拙昆虫，很快就成了啮齿动物的美餐。18 世纪，随着欧洲殖民者的到来，更多的外来鼠类、猪、羊、鹿等被引入当地。威塔的本能防御手段不过是猛踢长着浓密硬刺的后足，在外来捕食者们看来，这显然不足为惧。

雄性成虫的大小为 5.2 ~ 5.7 厘米，雌性成虫则为 6 ~ 7.3 厘米。它们的体形之大，足以让研究人员用无线电发射器追踪它们。但巨沙螽长到这么大，需要花费很长时间，其整个生命周期超过 2 年。在雌虫产卵之前，卵需要 4 个月左右才能发育好。若虫在大约 18 个月内经过 10 个龄期发育为成虫，成虫的平均寿为 4 个月（雌性）到 7 个月（雄性）。

今天，巨沙螽已被世界自然保护联盟列为"易危"，并在新西兰被列为国家濒危物种。原始的巨沙螽种群仅生活在小巴里尔岛，自 2004 年鼠类被捕杀以来，岛上已经没有任何哺乳动物了。2008 年启动的人工繁育项目已经取得了一些成功。2011 年和 2014 年，人们分别在莫图拉岛（Motuora）和缇里缇里马塔基岛（Tiritri Matangi）放归了被捕获个体繁殖的后代。2020 年年底，从新西兰北部地区消失 180 年后，巨沙螽终于重返故地。

另见词条：地球之子（Niña de la Tierra）。

Wigglesworth, Vincent Brian(1899—1994)
文森特·布莱恩·威格尔斯沃思

文森特·布莱恩·威格尔斯沃思爵士作为"昆虫生理学研究之父"，找到了破解昆虫学谜团的"圣杯"：激素如何调节昆虫的生长、变态和繁殖。

威格尔斯沃思的童年是在英国进行户外探险、收集蝴蝶和飞蛾标本中度过的。8 岁那年，他买了一台显微镜来观察昆虫标本上的鳞片。他从 7 岁起就一直在寄宿学校就

W

读；第一次世界大战即将结束时，他曾短暂服役。

1919 年，威格尔斯沃思入读剑桥大学，并在剑桥取得了解剖学、生理学和动物学学士学位。这为他赢得了奖学金，并使他最终从英国科学与工业研究部[1]获得了学位后研修生资格[2]。1922 年到 1924 年，他专注于研究脊椎动物的新陈代谢。1929 年他获得医学博士学位，并荣获雷蒙德·霍顿·史密斯最佳论文奖。

1926 年，威格尔斯沃思应邀担任伦敦大学伦敦卫生与热带医学院的讲师。在那里，他幸运地得到了一个完美的研究课题——接吻虫，也就是校内饲养的长红锥蝽（学名 *Rhodnius prolixus*）。很快，威格尔斯沃思就在理解昆虫发育方面取得了巨大进展。1934 年，他撰写了著作《昆虫生理学》（ *Insect Physiology* ）；随后又于 1939 年撰写了《昆虫生理学原理》（ *Principles of Insect Physiology* ），该书前后共出版了 7 版。

1945 年，威格尔斯沃思回到剑桥大学任教。1952 年，

---

1 成立于 1917 年，英国政府为协调及促进科学与工业和国民经济发展而设置。
2 学位后研修生资格，指学生获得学位后在大学继续学习研究。——编者注

他被选为生物学系主任。勤奋的他在整个职业生涯中发表了 300 多篇文章。1951 年，威格尔斯沃思获得大英帝国司令勋章（CBE）；1964 年，女王授予他爵士爵位。1967 年，他从剑桥大学正式退休。在 1992 年的国际昆虫学大会上，威格尔斯沃思为他的履历添上了最后一项荣誉：昆虫形态学金奖。

另见词条：保幼激素（Juvenile Hormone）。

Wolbachia bacteria

沃尔巴克氏菌

　　昆虫与微生物之间存在多种共生关系，其中最常见、最多样也最不合常理的是昆虫与沃尔巴克氏菌的关系。据估计，在所有昆虫物种中，76% 的物种都会受到这种细菌的不同菌株的影响。一种昆虫可能会被一种或多种菌株感染。

　　沃尔巴克氏菌感染最常影响被寄生昆虫的生殖，它可以决定寄主后代的性别及其生存力。当一只雄虫和一只雌

W

虫交配时，如果它们感染了不同的沃尔巴克氏菌菌株，结果就是不会产下可发育的后代。这种现象叫作"细胞质不亲和"。对沃尔巴克氏菌来说，待在雄虫寄主身上是死路一条[1]，因此，两只交配昆虫中仅有一只被感染时，后代的性别会严重倾向于雌性。这种倾向在多种寄生蜂中实现了最极端的表现：沃尔巴克氏菌在这些寄生蜂中促进了孤雌生殖。通常，雌蜂是有性生殖的产物，而雄蜂则来自未受精的卵。雄蜂只有一组染色体，雌蜂有两组染色体。细菌感染使雌蜂得以在不交配的情况下生出具备生育能力的雌性后代。

沃尔巴克氏菌感染的另一个奇特结果是，它能将遗传属性为雄性的后代雌性化，使其发育成功能正常的雌性。人们在两种草螟——玉米螟（学名 *Ostrinia furnacalis*）和豆杆野螟（学名 *O. scapulalis*），以及草地常见叶蝉（学名 *Zyginidia pullula*）中都发现了这种现象。这种情况也可能在其他昆虫中出现，但其作用机制还不完全清楚，并可能因物种而异。沃尔巴克氏菌制造的"名场面"还有彻底杀死雄性胚胎，或增强受感染雌虫的生殖能力。

---

1 这是因为成虫之间不能横向传染，只能通过亲子纵向传播。

沃尔巴克氏菌还可能使寄主昆虫变得不再适合其他微生物寄生。这一点令研究传染病传播媒介昆虫防治的昆虫学家们非常感兴趣。这种细菌可以通过基因改造来阻断其寄主体内致病生物体的生命周期。

W

薛西斯协会

声称有些虫子需要保护的主张听起来可能很荒谬；但事实上，确实有很多虫子需要保护。多亏了富有远见的人们，我们才拥有了致力于保护无脊椎动物的专门组织。

在这些组织中，最早创立的是薛西斯协会。协会以灭绝的加利福尼亚甜灰蝶（Xerces Blue，学名 *Glaucopsyche xerces*）命名——当时它们被视为唯一被人类灭绝的北美昆虫。1971 年，鳞翅目昆虫学家、作家罗伯特·迈克尔·派尔博士（Dr. Robert Michael Pyle）建立薛西斯协会——一个由敬业的昆虫学家和博物学家们组成的松散组织。1973 年，薛西斯协会创办期刊《阿塔拉》（*Atala*），1974 年又创办了新闻简报《翅膀》（*Wings*）。派尔的妻子莎拉·安妮·休斯（Sarah Anne Hughes）是 "7 月 4 日数蝴蝶" 活动的领导者，该活动效仿了奥杜邦协会的 "圣诞鸟类计数" 活动。1975 年，他们在 29 个地点举行了第一次蝴蝶计数活动。

"帝王蝶计划" 是薛西斯协会的第一个重大项目，其宗旨是保护帝王蝶在加利福尼亚州和墨西哥的越冬地。梅

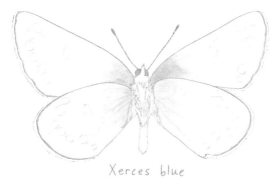

Xerces blue
Glaucopsyche xerces

加利福尼亚甜灰蝶

洛迪·麦基·艾伦（Melody Mackey Allen）以募款志愿者的身份加入薛西斯协会，后来于 1983 年成为该机构的首位受薪员工。1985 年，她被任命为执行理事。

自此，薛西斯协会开始多元化发展，成为所有传粉昆虫、水生无脊椎动物、美国西北部原始森林特有节肢动物等领域的保护行动领头者。该协会为乡村的农民和城市的房屋业主赋权，改变农田和花园的管理模式，从而促进生物多样性。薛西斯协会的影响力已经从美国扩展到哥斯达黎加、马达加斯加甚至更远的地方。

蝴蝶计数活动自 1993 年以来由北美蝴蝶协会管理至今。专业期刊《阿塔拉》已于 1987 年停刊，但此后薛西

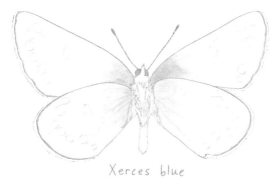
X

斯协会通过纸质书和在线读物的形式出版了大量教育性出版物。

另见词条： 濒危昆虫（Endangered Insects）。

Yucca Moths

丝兰蛾

丝兰蛾与丝兰之间著名的共生关系远远不是故事的全部，丝兰蛾科（Prodoxidae）还有更多充满惊喜的情节。

经典场景之一就是，一只丝兰蛾属（*Tegeticula*）雌蛾从雄蕊的花药中采集花粉，用触须上的触手状突起将花粉揉搓成球状，然后飞到另一株丝兰的花朵上，爬到雌蕊底部，刺破子房，将卵产在里面；随后，爬上雌蕊，把花粉球抹在柱头上。它的卵孵化成毛虫后，就以发育完全的种子为食。幼虫最终会离开生长的植株，钻入土壤中化蛹，第二年春天或夏天以成虫的形态出现。

丝兰蛾属某些物种的雌蛾缺乏打包装运花粉的身体构造，只能另辟蹊径。这些"行骗的"雌蛾在繁殖季后期很活跃，会将卵产在种子周围正在发育的果实里。假丝兰蛾属（*Prodoxus*）的假丝兰蛾也会做出相似的行为。一些假丝兰蛾物种的幼虫以果实为食，另一些则以花梗为食。在进食过程中，幼虫的分泌物会导致植物在昆虫周围结出一个坚硬的蒴果。在蒴果内，如果冬季的天气条件不理想，蛹前的幼虫可以维持滞育状态好几年，甚至好几十年。

丝兰蛾科近丝兰蛾属（*Parategeticula*）内也有其他为植物授粉的物种。在传粉近丝兰蛾（学名 *P. pollenifera*）的生命周期中，雌蛾会在花瓣或花梗上刮出小坑，将卵产在里面。新孵出来的幼虫一路挖掘未成熟的种子，这就刺激了种子所在位置的组织异常生长，形成囊块。幼虫要吃的正是这些囊块。

另见词条： 传粉昆虫（Pollinators）。

Zombie Lady Beetles

僵尸瓢虫

一只不起眼的雌蜂偷偷溜到毫无防备的瓢虫身边，将矛状的产卵器刺入瓢虫体内，产下一枚卵。蜂幼虫孵化出来就成了瓢虫身体里的寄生虫，然后迫不及待地进食。故事从这里开始。

这种蜂是瓢虫茧蜂（学名 *Dinocampus coccinellae*），它们在产卵的同时也将一种病毒注入了瓢虫体内。这种病毒就叫作瓢虫茧蜂麻痹病毒（*D. coccinellae* Paralysis Virus，缩写为 DcPV）。孵化出的茧蜂幼虫也携带该病毒。

一旦茧蜂幼虫将要结蛹，病毒就会转移到瓢虫寄主的大脑，并导致瓢虫半麻痹。还有一种说法是，瓢虫出现麻痹反应可能是因为它对病毒的免疫反应导致了大脑损伤。茧蜂幼虫会离开瓢虫体内，在其下方吐丝结茧。虽然寄主已无法自由地活动，但病毒会致使瓢虫不时抽搐，让它成为守护蜂茧的僵尸保镖。

蜂与病毒这种互利共生的搭档团队可能是一种普遍的现象。多分 DNA 病毒（Polydnavirus，缩写为 PDV）是存在于多种茧蜂科和姬蜂科昆虫基因组中的一类病毒。病毒在雌蜂的生殖器官中复制，但其毒性可在寄主身上释放。相比之下，DcPV 是在寄主神经组织中复制的一种可遗传的软化病病毒。不过，PDV 也可以对寄主产生类似"精神控制"的作用。

瓢虫茧蜂在世界各地都有发现，它们并不会专门选择某一种瓢虫作为寄主，不过雌性瓢虫可能是首选。茧蜂幼虫的取食活动甚至可能导致寄主瓢虫从此不育。这意味着，尽管感染者可以痊愈（约三分之一的被感染瓢虫会康复），但它们以后再也无法繁殖后代。

Zoos, Insect
昆虫动物园

传统上，活体动物样本馆展示的都是富有魅力的大型动物，比如老虎、大象和大熊猫。直到最近，这些机构才通过展出陆生节肢动物来履行其维护完整生物多样性的义务。

昆虫动物园的雏形可以追溯到殖民主义时代考察的小规模活体样本收藏，比如 1797 年巴黎植物园和法国国家自然博物馆的展览。第一个常设昆虫动物园可能是伦敦动物园 1881 年开设的昆虫馆。荷兰阿姆斯特丹的阿提斯动物园于 1898 年首次举办了昆虫展；德国的几家动物园也在 20 世纪初纷纷效仿。20 世纪 30—40 年代，除了纽约布朗克斯动物园、罗德岛戈达德州立公园和芝加哥布鲁克菲尔德动物园的季节性展览之外，无脊椎动物展几乎都因为两次世界大战而中断了。

1960 年，英国多塞特郡的舍伯恩蝴蝶馆掀起了一股新潮流。该馆的亮点就是魅力超凡的无脊椎动物：蝴蝶。在多数情况下，令人害怕的蟑螂、甲虫和其他昆虫更容易繁殖，但动物园的财务和来参观的公众都不会买账。大多数蝴蝶馆都需要从热带蝴蝶养殖场定期进口蝶蛹。这种模式雇用了出口国家的本土居民和其他贫困人口。其他在后台养殖的昆虫只需要一次性进口其野生种群，或从另一家动物园购买或交易。

无论是现有动物园、水族馆的昆虫部门，还是独立的昆虫馆，其组织和物流工作都相当复杂。昆虫馆必须严格遵守外来物种控制规定，确保馆内昆虫不会逃脱并成为入侵物种；还必须持续履行其作为公共景点的使命，完成公共教育任务，并越来越多地参与到无脊椎动物保护计划中。

附 录
Appendix

词条索引 · 按汉语拼音排序

参考文献
Useful References

Berenbaum, May. *Bugs in the System*. Addison-Wesley. 1995.

Eisner, Thomas. *For Love of Insects*. Harvard University Press. 2003.

Evans, Howard E. *Life on a Little-known Planet*. E.P. Dutton. 1968.

Heinrich, Bernd. *In a Patch of Fireweed*. Harvard University Press. 1984.

Marlos, Daniel. *The Curious World of Bugs*. Penguin Group. 2010.

Paulson, Gregory S., and Eric R. Eaton. *Insects Did it First*. Xlibris. 2018.

Stewart, Amy. *Wicked Bugs*. Workman Publishing. 2011.

Tallamy, Douglas W. *Bringing Nature Home*. Timber Press. 2007.

Teale, Edwin Way. *Grassroot Jungles*. Dodd, Mead & Company. 1969.

Waldbauer, Gilbert. *Insights From Insects*. Prometheus Books. 2005.

致　谢
Acknowledgments

笔者首先要感谢普林斯顿大学出版社的罗伯特·柯克，正是他邀请笔者按照劳伦斯·米尔曼的《真菌词典》（*Fungipedia*）的方式来撰写本书。十分感谢艺术家埃米·琼·波特为本书绘制了灵动而精确的插图，并与笔者分享了她富有想象力的诠释，激发了笔者的灵感。感谢露辛达·特雷德韦尔精湛的编辑让书稿更加连贯、易懂，也更加生动。

笔者还得到了许多导师的帮助，在此难以一一提及，但随着每个项目的推进，这个名单会越来越长。昆虫学家团体永远乐于帮助科学传播者，牢记这一点就足够了。最后，感谢我的伴侣海蒂·伊顿，她依然是我的坚强后盾——她是我家有稳定工作的人。她容忍我并不安稳的写作工作，更鼓励我追求这份事业。

后 记
Afterword

　　好奇心是昆虫学家最重要的特征之一。即使是全套的百科全书也无法将昆虫这一主题写尽讲透，但希望读者们读完本书后对昆虫有更深入的理解，并愿意了解更多与它们有关的内容。

　　如果人类接下来不会继续毁灭全球生态系统的话，那么昆虫将永远是一个令人着迷、充满惊奇的话题。随着数字时代的发展，"业余爱好者"对昆虫学的影响会越来越大，他们也将越来越受尊重。

　　在我们接受并推动人类多样性的同时，昆虫学或许正面临着最严峻的挑战。我们必须承认，我们历史上对昆虫的认识大多是通过殖民主义得来的。同样，充斥于所有学科的传统父权文化也不再适应我们的需要了。值得赞扬的是，当今一代昆虫学家已经认识到这一点，并在积极努力地纠正它。

要实现从消除害虫向关心昆虫多样性保护转变，我们必须克服营利机构的惰性，积极进行调整，并付出必要的努力来保护整个生态系统的生存。私人房屋业主、苗圃管理者、景观设计公司、城市规划者、乡村的农民等都可以参与其中，推行一种与我们的六足朋友共存的全新生存范式。这必须实现，也一定会实现。